给孩子讲 万有引力

TELL CHILDREN
GRAVITY

〔美〕乔治·伽莫夫 著

杨滢玮 译

团结出版社

图书在版编目（CIP）数据

给孩子讲万有引力 / (美) 乔治·伽莫夫著 ; 杨滢玮译.
—北京 : 团结出版社, 2019.11

　ISBN 978-7-5126-7529-2

　Ⅰ.①给… Ⅱ.①乔… ②杨… Ⅲ.①万有引力定律—少儿读物

Ⅳ.①O314-49

　中国版本图书馆CIP数据核字(2019)第256342号

出版: 团结出版社

　　(北京市东城区东皇城根南街84号　邮编: 100006)

电话: (010) 65228880　　65244790　(传真)

网址: www.tjpress.com

Email: zb65244790@vip.163.com

经销: 全国新华书店

印刷: 三河市祥达印刷包装有限公司

开本: 148×210　1/32

印张: 5.75

字数: 150千字

版次: 2020年2月　第1版

印次: 2020年2月　第1次印刷

书号: 978-7-5126-7529-2

定价: 30.00元

献给
读了我所有的书的
奎格·牛顿
（QUIGG NEWTON）

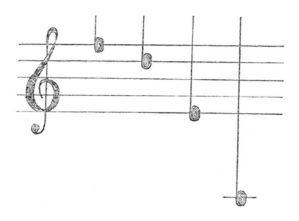

前　言

万有引力支配着宇宙。它汇集了我们银河系的一千亿颗恒星；它能使地球围绕着太阳旋转，使月球围绕着地球旋转；它可以使成熟的苹果和残缺的飞机落到地上。在人类对引力的理解史上有三个伟大的名字：伽利略·伽利雷（Galileo Galilei），他是第一个详细地研究自由落体和限制下落过程的人；艾萨克·牛顿（Isaac Newton），他首先提出了引力是一种普遍存在的力量；还有阿尔伯特·爱因斯坦（Albert Einstein），他说引力只不过是四维时空连续体的曲率。

在本书中，我们将介绍该发展过程的所有三个阶段，用一章内容来介绍伽利略的开创性工作，用六章内容来介绍牛顿的思想以及随后的发展，用一章内容来介绍爱因斯坦，还有一章内容介绍爱因斯坦之后关于引力和其他物理现象之间关系的猜想。在这个大纲中，对"经典"的强调来自于万有引力理论是一个经典的理论。重力与电磁场和物质粒子之间很可能存在着隐藏的关系，但今天没有人可以肯定地说它是什么样的关系，而且没有办法预测在这个方向上多久会取得进一步的重要进展。

  对于万有引力的经典理论部分，理论的发明者不得不在数学的使用上做出重要的决定。当牛顿第一次酝酿万有引力时，数学尚未完善到可以演绎他的想法的所有天文结果。因此，为了回答万有引力理论提出的问题，牛顿不得不发展他自己的数学系统，现在称为"微分学"和"积分学"。因此，从历史角度来看，书中对微积分基本原理的讨论似乎是合理的，这一决定导致在第三章中出现了相当多的数学公式。有勇气细心研读那一章的读者肯定会因此受益，从而成为他进一步研究物理学的基础。另一方面，那些被数学公式吓坏的人可以跳过那一章，也不会对这个主题的理解造成太大影响。但如果你想学习物理，请务必去尝试理解第三章！

乔治·伽莫夫

科罗拉多大学　1961年1月13日

目录 contents

前 言

1

第一章
物体如何下落

"向上"和"向下"的概念可以追溯到远古时代,而"一切向上运动的物体必会落下"的说法可能是由尼安德特人[1]创造的。在古代,当人们认为世界是平的时候,"向上"是通往天堂的方向,也就是神的居所,而"向下"则是通往冥界的方向。所有非神圣的东西都自然倾向于堕落,一个堕落的天使终将不可避免地坠落到地狱里。尽管古希腊的伟大天文学家,像埃拉托尼特尼(Eratosthenes)和阿利斯塔克(Aristarchus),他们提出了"地球是圆的"这一最有说服力的论点,但空间上绝对上下方向的概念持续存在于整个中世

1.尼安德特人大约是在12万到3万年前居住在欧洲及西亚的古人类,属于晚期智人的一种,他常作为人类进化史中间阶段的代表性居群的通称。因其化石发现于德国尼安德特山谷而得名。——作者注

纪，并被用来嘲笑"地球可能是球形"的这一想法。事实上，当时有人认为，如果地球是圆的，那么生活在地球另一边的人们会从地球上坠落到空气中。更糟糕的是，所有海水都会朝同一方向从地球倾泻而出。

当麦哲伦[1]的环球旅行最终让每个人都相信地球是球形的时候，所以必须修改"上下"作为空间绝对方向的概念了。地球被认为处于宇宙的中心，而所有的天体都附着在水晶球体上，并围绕着它旋转。这个宇宙的概念或者是宇宙论，它起源于希腊的天文学家托勒密（Ptolemy）和哲学家亚里士多德（Aristotle）。所有物体的自然运动都朝向地球的中心，只有被认为具有神圣性质的火焰违背了这一规则，从燃烧的木头急速地向上升起。几个世纪以来，亚里士多德哲学和经院哲学一直主导着人类的思想。科学问题都通过逻辑论证（即只通过谈话）来解答，并没有试图通过直接实验来检验所作陈述的正确性。例如，人们认为重的物体比轻的物体下落得快，但当时我们并没有关于试图研究下落物体运动的记录。哲学家们的理由是：自由落体的速度太快，人眼没有办法跟得上。

1.斐迪南·麦哲伦（1480-1521），葡萄牙著名航海家和探险家，为西班牙政府效力探险。1519年至1522年9月船队完成环球航行，麦哲伦在环球途中在菲律宾死于部落冲突中。船上的水手在他死后继续向西航行，回到欧洲，并完成了人类首次环球航行。——作者注

关于物体如何下落的第一个真正科学的方法是由著名的意大利科学家伽利略·伽利雷（Galileo Galilei, 1564-1642）提出的，当时科学和艺术开始从中世纪的沉睡中苏醒。这个故事丰富多彩，但可能不太真实。根据这个故事，这一切都始于年轻的伽利略。有一天，在比萨大教堂参加弥撒时，心不在焉地看着一个烛台被一名工作人员拉到一边点燃蜡烛后来回摆动（图1）。伽利略注意到，虽然随着烛台静止下来，连续摆动的幅度变得越来越小，但是每次摆动的时间（振荡周期）却保持不变。回到家后，他决定通过使用悬挂在绳子上的石头来验证这不经意间的观察，并通过他的脉搏来测量摆动周期。是的，他是对的，虽然摆动的幅度越来越小，但是时间几乎保持不变。出于好奇的习性，伽利略开始了一系列的实验，他使用了不同重量的石头和不同长度的细绳。这些研究使他得出了一个惊人发现，悬挂的石头的摆动时间取决于细绳的长度（细绳长度越长，摆动时间越长），并不受石头本身的重量影响。这一观察结果与公认的教条（即重的物体比轻的物体下落得快）相矛盾。事实上，钟摆运动只不过通过细绳对垂直方向偏转重物的自由下落施加限制，这使重物沿着圆弧移动，它的中心位于悬挂点上（图1）。

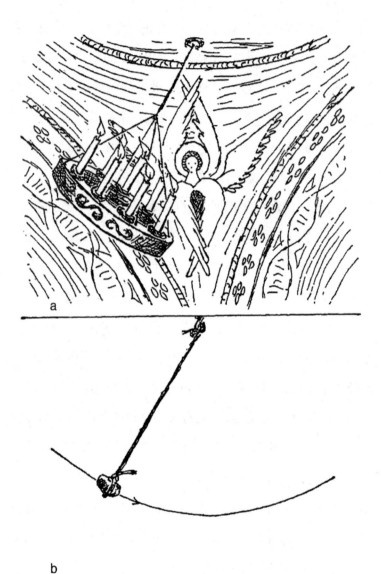

a

b

图1.如果悬挂的长度相等，则烛台（a）和细绳上的石头（b）会以相同的周期摆动。

图2.伽利略在比萨的实验。

似乎没有关于这次演示的正式记录，但正是伽利略发现了自由落体的速度不取决于下落物体的质量，它却是事实。这个论述后来被许多更精确的实验实，并且在伽利略死后的272年被阿尔伯特·爱因斯坦（Albert Einstein）用作他的引力相对论的基础，这将在本书的后面章节进行讨论。

其实不用去比萨也很容易重复伽利略的实验。我们只需要拿1枚硬币和1小张纸，然后将它们从同一高度同时放手并让它们落到地板上。硬币会快速地下落，而纸片将在空气中停留比较长的时间。但如果你把那张纸弄皱了并且将它卷成1个小球，它下落几乎跟硬币一样快。如果你有1个已经被抽成真空的长长的玻璃圆柱筒，你会看到1枚硬币、1张未经弄皱的纸和1根羽毛在圆柱筒内会以完全相同的速度下落。

伽利略在研究落体时，所采取的下一步是找到下落时间与移动距离之间的数学关系。由于自由落体确实太快而人们无法通过人眼观察到细节，而且由于伽利略那时没有像快速摄像机这样的现代设备，他决定通过让不同材料制成的球从倾斜平面上滚下，而不是直接落下，从而来"分解"重力作用。他正确地指出，由于倾斜平面为放置在它上面的重物提供了部分支撑，因此随后的运动应该类似于自由落体，只是所用的时间会因为坡度而延长。为了测量时间，他用了1个水钟，1个可以打开和关闭水龙头的装置。他可以通过称量不同间隔内水龙头涌出的水量来测量时间间隔。伽利略标记了物体以相同时间间隔在倾斜平面上滚落的连续位置。

要重复伽利略的实验并检查他获得的结果并不是很难[1]。取1个6英尺长的光滑板，将其一端从地板上抬高2英寸，在它下面放几本书（图3a）。平板表面的斜率约是$\frac{2}{6\times12}=\frac{1}{36}$。这就是因为斜板作用后，作用在物体上的重力相对于初始重力的倍数。现在拿1个金属圆柱体（与球相比，它不太容易从板上滚离下来），然后从板的顶端开始放手，不用推动它而让它自己运动。听1个滴答作响的时钟或节拍器（学音乐的学生用的那种），并在第1秒、第2秒、第3秒和第4秒结束时标记滚动圆柱的位置。（实验应重复几次，以准确地记录这些位置。）在这样的条件下，被连续记录的这些位置与顶端的距离将会是0.53、2.14、4.82、8.5和13.0英寸。我们注意到，正如伽利略所做的那样，第2秒、第3秒和第4秒结束时的距离分别是第1秒结束时距离的4、9、16和25倍。该实验证明，自由下落的速度以这样的方式增加，即运动物体所走的距离按照运动时间的平方而增加。（4=2²；9=3²；16=4²；25=5²）使用木制圆柱体，甚至由轻木制成的更轻的圆柱体分别重复该实验，你会发现行进速度和连续时间间隔结束时所走的距离保持不变。

---

1 由于不是一名实验工作者，作者无法根据自己的经验说，重复伽利略的实验是多么容易。然而，作者从各种渠道获悉，事实上这并不容易，并建议本书的读者尝试去做一下实验。——作者注

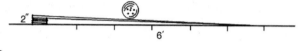

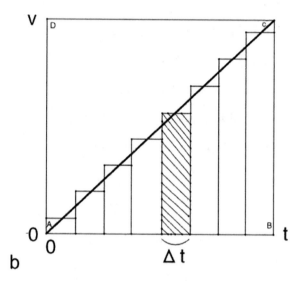

图3.(a) 在倾斜的平面上的滚动圆筒；(b) 伽利略的积分法。

伽利略当时面对的问题是要找到速度随着时间变化的规律，这将得出上述距离-时间的相关性。在伽利略的《关于两种新科学的对话》一书中，他写道：如果运动速度与时间方成正比，那么所走的距离将随着时间的二次方而增加。在图3b中，我们给出了伽利略论证的一种现代形式。思考一下这个图表，其中X轴是时间t，Y轴是运动速度v。如果v与t成正比，我们将获得从(0, 0)到(t, v)的直线。现在让我们将时间间隔从0到t分成许多非常短的时间间隔，并画出如图所示的垂直线，从而形成许多细长的矩形。我们用一种代表颠簸运动的阶梯代替对应于物体连续运动的平滑斜坡，其中速度突然地增加并且在短时间内保持不变直到下一个颠簸发生。如果我们使时间间隔越来越短，它们的数量就会越来越大，那么平滑斜坡和阶梯之间的差异将变得越来越不明显，并且当分割数量变得无限大时，这个差异将会消失。

在每个短时间的间隔期间，假设运动以对应于该时间的恒定速度进行，并且所走的距离等于该速度乘以时间间隔。但由于速度等于1个细长矩形的高度，而时间间隔等于其底部的长度，因此该乘积等于该矩形的面积。

同理应用于每个细长的矩形，我们得出的结论是：在时间间隔 (0, t) 内现在所走的总距离等于该阶梯的面积或者在极限情况下，等于三角形ABC的面积。但是这个面积是矩形ABCD的一半，而该矩形又等于其底部t乘以其高度v的乘积。因此，我们可以写出时间t内所走的距离：

$$s = \frac{1}{2}vt$$

其中v是对应于t时刻的速度。但是，根据我们的假设，v与t成正比，因此：

$$v = at$$

其中a是1个常数，称为加速度或速度变化率。结合这两个公式，我们得到：

$$s = at$$

这证明一定时间内所走的距离与时间的平方成正比。

将给定的几何图形划分为许多小部分，并考虑当这些部分的数量变得无限大，而且其面积变得无限小时发生的情况。在公元前3世纪由希腊数学家阿基米德（Archimedes）推导出锥体和其他几何体的体积时，运用过这一方法。但伽利略是第1个将这一方法应用于力学现象的人，从而为该学科奠定了基础，后来在牛顿手中发展成为数学科学中最重要的分支之一。

伽利略对"年轻"的力学学科的另一个重要贡献是，发现了运动的叠加原理。当我们在水平方向扔石头时，如果没有重力作用，那么石头将沿直线运动，就像台球在台球桌上那样。另一方面，如果只是垂直扔下石头，它会随着我们之前描述过的逐渐增加的速度而垂直下落。实际上，这里有两个运动的叠加：石头匀速水平移动，同时以加速的方式下落。该情况在图4中以图形的方式表示，其中编号的水平箭头和垂直箭头表示两种运动中所走的距离。两种运动叠加所得出的石头位置也可以由单个（白头）箭头表示，该箭头变得越来越长并且围绕原点旋转。

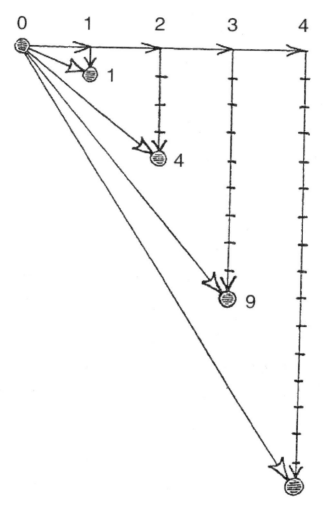

图4. 匀速的水平运动和均匀加速的垂直运动的组合。

这些显示运动物体相对于原点的连续位置的箭头称为位移向量,它的主要特征为:它们的长度以及在空间中的方向。如果物体经历几个连续的位移,每个位移通过相应的位移向量来描述,则最终位置可以通过被称作"原始位移"向量之和的单个位移向量来描述。你只需要从上一个箭头的末尾开始绘制每个后续的箭头(图4),并将第1个箭头的开端与最后1个箭头的末尾用直线连接起来。简单来说,从纽约飞往芝加哥,之后从芝加哥飞往丹佛,再从丹佛飞往达拉斯的飞机,也可以从纽约直接飞往达拉斯,在这座城市之间直飞。添加两个向量的另一种方法是从同一点绘制两个箭头,补全平行四边形并画出它的对角线,如图5a和5b所示。比较两幅图,很容易看出它们都得出了相同的结果。

位移向量及其相加的概念可以扩展到在空间中具有方向的其他力学量。例如,一艘航空母舰在西北偏北航向上走了一定海里的距离,一名水手以每分钟一定数量英尺的速度从右舷穿过甲板。两个运动都可以用指向运动方向的箭头表示,并且箭头的长度与相应的速度成正比(当然必须以相同的单位表示)。水手相对于水的速度是多少?我们所要做的就是根据规则添加两个速度向量,即通过画出由两个原始向量定义的平行四边形的对角线。

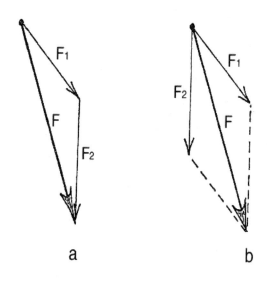

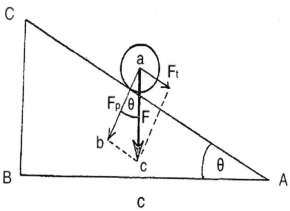

图5.(a)和(b) 添加向量的两种方法; (c) 作用在放置于斜面上的圆柱体上的力。

力也可以通过向量来表示，向量的方向代表力的方向，向量的长度代表所施加力的大小，并且可以根据相同的规则叠加。举个例子，让我们思考一下，放置于斜面上的物体所受重力的向量（图5c）。当然，该向量垂直向下，但是反向利用向量的叠加原理，我们可以将其表示为两个（或更多）给定方向向量的总和。在我们的例子中，我们想要一个力指向斜面的方向，另一个力垂直于斜面，如图所示。我们注意到，直角三角形ABC（斜面的几何形状）和abc（由向量F, F_p和F_t组成）是相似三角形，分别在A和a处具有相等的角度。根据欧几里德几何学

$$\frac{F_2}{F} = \frac{BC}{AC}$$

这个等式证明了我们对伽利略的斜面实验所做的陈述。

根据斜面实验获得的数据，可以发现物体自由下落的加速度为386.2英寸/秒^2（你可能熟悉它的等效表达"32.2英尺/秒^2"或在公制中写作981厘米/秒^2。该值随地球的纬度和海拔高度略有不同。

第二章
苹果和月亮

艾萨克·牛顿(Isaac Newton)通过观看苹果从树上掉落发现了万有引力定律的故事(图6),不管像不像伽利略观看比萨大教堂的烛台或者从斜塔上做落锤实验的故事那样传奇,但它却增强了苹果在传说以及历史中的作用。牛顿的苹果理所当然能与夏娃的苹果、帕里斯(特洛伊王子)的苹果和威廉·泰尔的苹果相提并论。(夏娃的苹果使其被驱逐出天堂,帕里斯的苹果引发了特洛伊战争,而威廉·泰尔的苹果则参与形成了世界上最稳定和热爱和平的国家之一。)毫无疑问的是,当23岁的牛顿正在考虑引力的本质时,他有充分的机会观察下落的苹果。当时为了避开1665年席卷伦敦的大瘟疫,他住在林肯郡的一座农场,这场大瘟疫导致了剑桥大学暂时关闭。牛顿在他著作中写道："在这一年里，我开始想到将重力延伸到月球轨道上来，并比较了使月球保持在其轨道上运行的力和地球表面的重力。"关于这个主题的论点，后来在他的著作《自然哲学的数学原理》一书中大致表述如下：如果站在高山之巅，我们在水平方向射出一颗子弹，它的运动将包括两个部分：(1)水平原始初速度的运动；(2)在重力作用下自由下落的加速运动。由于这两个运动的叠加，子弹将呈现出一条抛物线轨迹并在一定距离外落地。如果地球是平的，即使落地点可能会离枪很远，子弹总会落地。但由于地球是圆的，沿着子弹路径，地球表面不断弯曲，并且在一定极限速度下，子弹的轨迹将随着地球的曲率而弯曲。如果没有空气阻力的话，子弹将永远不会落到地面上，而是在一定高度上围绕着地球运动。这是人造卫星的第一个理论，而牛顿的描绘与我们今天在关于火箭和卫星的热门文章中看到的非常相似。当然，卫星不是从山顶上发射出去的，而是先被发射到几乎垂直于地球大气层的极限高度，然后给予它圆周运动所需的水平速度。把月球的运动看作一种围绕地球持续下落的运动，牛顿可以计算出作用在月球所有物质上的引力。这种计算以稍微现代化的形式表达如下：

图6.艾萨克·牛顿在林肯郡农场。

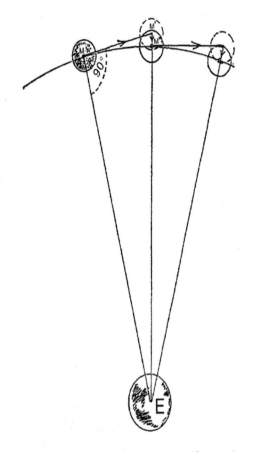

图7.月球加速度的计算。

试想月球沿着一个圆形轨道围绕着地球运动(图7)。它在某一时刻的位置是M,其速度v垂直于轨道半径。如果月球没有被地球吸引,它将会沿着一条直线移动,并且在一个短时间段Δt后,将在M'的位置,$\overline{MM'}=v\Delta t$。但月球的运动还有另一个组成部分;即向着地球自由下落。因此,它的轨迹曲线不是到达点M',而是到达其圆形轨道上的点M'',而线段$\overline{M''M'}$是它在时间间隔Δt内向地球下落的距离。现在,思考一下直角三角形EMM',并应用勾股定理,该定理表明:在直角三角形中,直角三角形斜边的平方等于两直角边的平方之和。

$$\left(\overline{EM''}+\overline{M''M'}\right)^2=\overline{EM}^2+\overline{MM'}^2$$

展开可以得到:

$$\overline{EM''}^2+2\overline{EM''}\cdot\overline{M''M'}+\overline{M''M'}^2=\overline{EM}^2+\overline{MM'}^2$$

因为$\overline{EM''}=\overline{EM}$,我们去掉等式两边的等项,然后除以$2\overline{EM}$,得到:

$$\overline{M''M'}+\frac{\overline{M''M'}^2}{2\overline{EM}}=\frac{\overline{MM'}^2}{2\overline{EM}}$$

现在得出一个重要的论点。如果我们思考一下越来越短的时间间隔,$\overline{M''M'}$相应地变小,并且两项都越来越接近于零。但是,因为第二项包含$\overline{M''M'}$的平方,它会比第一项更快地变为零;事实上,如果$\overline{M''M'}$取以下数值:

$$\frac{1}{10};\frac{1}{100};\frac{1}{1000};\cdots\cdots$$

它的平方就等于：

$$\frac{1}{100};\frac{1}{10,000};\frac{1}{1,000,000};\cdots\cdots$$

因此，对于足够小的时间间隔，与第一项相比，我们可以忽略左边的第二项，得到：

$$\overline{M''M'}=\frac{\overline{MM'}^2}{2\overline{EM}}$$

当然，只有当 $\overline{M''M'}$ 无穷小时，这才是完全正确的。

由于 $\overline{MM'}=v\Delta t$ 和 $\overline{EM}=R$，我们可以将上面重写为

$$\overline{M''M'}=\frac{1}{2}\left(\frac{v^2}{R}\right)\Delta t^2$$

在讨论伽利略对落体定律的研究时，我们已经看到在时间间隔 Δt 内所走的距离是 $\frac{1}{2}a\Delta t^2$，其中 a 是加速度，因此，比较两个表达式，我们得出结论，$\frac{v^2}{R}$ 表示月球围绕地球持续下落但一直与地球保持着距离的运动加速度。

因此，我们可以将此加速度写成：

$$a=\frac{v^2}{R}=\left(\frac{v}{R}\right)^2 R=\omega^2 R$$

其中

$$\omega=\frac{v}{R}$$

是月球在其轨道上的角速度。任何旋转运动的角速度 ω（希腊字母欧米茄）都非常简单地与旋转周期T相关联。实际

上，我们可以将公式重写为：

$$\omega = \frac{2\pi v}{2\pi R} = 2\pi \frac{v}{s}$$

其中$S = 2\pi R$是轨道的总长度。显然，旋转周期T等于$\frac{s}{v}$，这样公式就变成：

$$\omega = \frac{2\pi}{T}$$

月球需要27.3天（即2.35×10^6秒）才能围绕地球公转一圈。在表达式中将这个值替换为T，我们得到：

$$\omega = 2.67 \cdot 10^{-6} \frac{1}{\sec}$$

取该值为ω并且取R＝384,400km＝3.844×10^{10}cm，牛顿得到月球运动加速度的值为0.27cm/sec^2，是地球表面上的加速度981cm/sec^{2}的1/3640。因此，很明显的是，重力随着距地球的距离而减小，但是这种减小的规律是什么呢？下落的苹果距地球中心是6371km，而月球距离地球中心有384,400km，后者比前者在距离上远了60.1倍。比较3640和60.1这两个比值，牛顿注意到第一个数几乎等于第二个数的平方。这意味着引力定律非常简单：引力按照距离平方的倒数而减小。

但是，如果地球吸引了苹果和月球，为什么不假设太阳吸引了地球和其他行星，使它们保持在各自的轨道上呢？反过来，在两颗行星之间也应该有一个吸引力，使得它们围绕着各自形成系统的中心运动。如果这样的话，两个苹果也应该相互吸引，尽管它们之间的引力可能太弱了而不能被我们的感官所注意到。显然，这种万有引力必定取决于相互作用物体的质量。根据牛顿力学的基本定律之一，当在某个物体上作用一个力时，将会使物体获得一个加速度，这个加速度与力的大小成正比，与物体的质量成反比。实际上，需要两倍力使双倍质量的物体在同样的时间内达到相同的速度。因此，从伽利略的发现中，所有物体，无论其重量如何，都在重力场中以相同的加速度下落，人们必定可以得出结论：使它们下落的力与它们的质量成正比，即与加速度的阻力成正比。而且，如果是这样，重力也可能与另一个物体的质量成正比。地球和月球之间的引力之所以非常大，是因为它们两个物体都很巨大。地球和苹果之间的吸引力要弱得多，是因为苹果很小，而两个苹果之间的吸引力肯定小到可以忽略不计。通过使用这种论证，牛顿得出了万有引力定律，根据该定律，两个物体之间的引力大小，与它们质量的乘积成正比，与两者之间距离的平方成反比。如果我们把两个相互作用物体的质量写作M_1和M_2，并且把它们之间的距离写作R，则它们之间相互作用的引力可以用一个简单公式来表示：

$$F = \frac{GM_1M_2}{R^2}$$

其中G（引力常量）是一个通用常数。牛顿生前没能看到他提出的两个物体（每个都不比苹果大很多）之间的万有引力定律被实验证明，但是在他去世后的3/4世纪，另一位才华横溢的英国人亨利·卡文迪许（Henry Cavendish）展示了无可争辩的证据。为了证明日常大小的物体之间也存在着万有引力，卡文迪许使用了非常精密的设备，这些设备代表了在他那个时代实验技术的巅峰。但今天在大多数的物理教室中都能找到，以便让新生在脑海中对牛顿的万有引力定律留下深刻印象。卡文迪许平衡的原理如图8所示。每个末端连接两个小球的轻杆被悬挂在像蜘蛛网一样的细长线上，放在玻璃盒内以防气流干扰。玻璃盒外面悬挂着两个非常巨大的球体，它们可围绕着中心轴旋转。在系统达到平衡状态后，大球体的位置会发生变化，由于被大球体的引力所吸引，可以观察到挂着小球的杆体转过了一定的角度。测量偏转的角度并知道线对扭转的阻力，卡文迪许可以估算出大球对小球的作用力。他从这些实验中发现，如果长度、质量和时间分别以厘米、克和秒作为计量单位，则牛顿公式中的系数G的数值为6.66×10^{-8}。使用这个值，可以计算出彼此靠近的两个苹果之间的引力相当于10亿分之一盎司的重量！后来，英国物理学家博伊斯（C. V. Boys, 1855-1944）对卡文迪许的实验进行了改良。在秤上使两个相等的重物平衡后（图8），他在其中一个盘下放置了一个巨大的球体，并观察到微微偏转；大球体的引力增强了地球对这个重物的引力。观测到的偏转使得博伊斯能够计算出球体质量与地球质量之比，他发现，地球的重量为$6×10^{24}$千克（kg）。

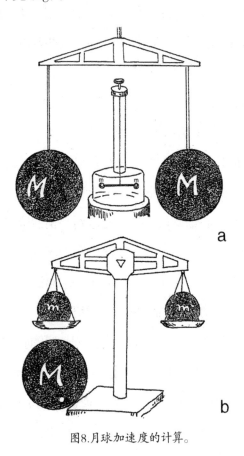

图8.月球加速度的计算。

第三章
微积分

　　似乎很难理解,牛顿在其科学生涯的最初阶段已经获得了万有引力的基本思想,然而却保留了大约20年没有发表,直到他在1687年出版的著作《自然哲学的数学原理》中提出了一个完整的万有引力理论的数学公式。

　　尽管牛顿对万有引力的物理定律有了明确的想法,他推迟这么久未发表的原因是:他缺少必要的数学方法阐述他对物体之间相互作用的基本定律所带来的问题。在他那个时代,数学知识还不足以解决物体间相互作用引力相关的问题。例如,在前一章所描述的地球与月球问题的处理中,牛顿不得不假设重力与这两个物体中心之间距离的平方成反比。但是当一个苹果被地球吸引时,将它拉下来的力是由无数个不同的力组成, 这些力产生于苹果树根部下不同深度岩石的吸引力、喜马拉雅山和落基山脉的岩石、太平洋的水域以及地球中央熔化的铁质内核。为了使先前给出的地球对苹果和月球作用力比率的推导在数学上更加完美无瑕, 牛顿必须证明所有这些力能叠加成一个力, 如果地球上的所有物质都换算成集中在地心位置的质量, 就可以实现了。

这个问题类似于伽利略关于粒子运动速度不断增加的问题, 但比此还要复杂得多, 已经超出了牛顿时期的数学水平, 他因此不得不设计出自己的数学方法。在这个过程中, 他奠定了现在被称为"无穷小微积分"的基础, 或简称为"微积分"。这个数学分支, 在今天是所有物理科学研究中绝对的"必备知识", 在生物学和其他领域也变得越来越重要, 它与传统的数学学科不同, 它使用的方法是将线条、表面以及经典几何体的体积分成许多非常细小的部分, 并且当每个细分的大小趋向于0时, 考虑在极限情况下的相互关系。我们已经在牛顿推导月球加速度时遇到过这种论证(如图7), 如果我们考虑在极短的时间间隔中月球位置的变化, 那么与第一项相比, 等式左边的第二项可以忽略不计。让我们考虑一种普遍的运动, 其中运动物体的坐标x随着时间t的变化而变化, 在日常语言中, 这意味着当t的值改变时, x的值以某种规律改变。在最简单的情况下, x可能与t成正比, 我们可以写成:

$$x = At$$

其中A是一个常数，使方程的两边相等。

这个情况很简单。我们采用两个时刻t和t+Δt，其中Δt是一个小增量，后来会使其等于0。在此时间间隔内所走的距离显然等于：

$$A(t + \Delta t) - At = A\Delta t$$

然后，将它除以Δt，我们得到的正是A。在这种情况下，我们甚至不需要让A无限小，因为它在等式中被抵消掉了。因此，我们得到了x的时间变化率，或者按牛顿的说法"x的流数"：

$$\dot{x} = A$$

在变量上方的点表示其变化率。

现在让我们来看一个更为复杂的情况：

$$x = At^2$$

再次取t和t+Δt时x的值，我们得到：

$$A(t + \Delta t)^2 - At^2$$

然后，展开括号得出：

$$At^2 + 2At\Delta t + \Delta t^2 - At^2 = 2At\Delta t + \Delta t^2$$

将它除以Δt，我们得到一个两项的表达式：

$$2At + \Delta t$$

当Δt变为无穷小时，最后一项消失，我们得到x=At²的流数：

$$\dot{x} = 2At$$

若更复杂些：

$$x = At^3$$

我们需要计算表达式：

$$A(t + \Delta t)^3 - At^3$$

计算$(t + \Delta t)$的三次方并减去At^3，我们得到：

$$A\left(t^3 + 3t^2\Delta t + 3t\Delta t^2 + \Delta t^3\right) - At^3 = 3At^2\Delta t + 3At\Delta t^2 + A\Delta t^3$$

然后除以Δt：

$$3At^2 + 3At\Delta t + A\Delta t^2$$

当Δt变为无穷小时，最后两项消失了，我们得到$x = At^3$的流数：

$$\dot{x} = 3At^2$$

我们可以继续计算$x = At^4$，$x = At^5$，……，得到流数$4At^3, 5At^4$，……。我们很容易注意到这样一个规律：$x = At^n$的流数等于nAt^{n-1}，其中n是一个整数。

在前面的例子中，我们计算了与时间成正比的量的流数，与时间的二次方、三次方成正比的量的流数等等。但是，

与不同时间的次方成反比变化的量呢？ 我们从代数中知
道：

$$t^{-1} = \frac{1}{t} ; \quad t^{-2} = \frac{1}{t^2} ; \quad t^{-3} = \frac{1}{t^3} ; \quad \cdots\cdots$$

采用这些负指数并像之前一样进行计算，我们发现

$$x = At^{-1} ; \quad x = At^{-2} ; \quad x = At^{-3} ; \quad \cdots\cdots$$ 它们的流数为：

$$\dot{x} = -At^{-2} ; \quad \dot{x} = -2At^{-3} ; \quad \dot{x} = -3At^{-4} ; \cdots\cdots$$

这里的减号表示，在反比例的情况下，变量随时间增加
而减少，变化率为负。但是，计算流数的一般规则仍然与正比
例的情况相同：为了得到流数的表达式，我们将原来幂函数
乘以其指数，并将指数的值减少一个单位。上述讨论的结果
总结在下表中：

$x =$	At^{-3} ; At^{-2} ; At^{-1} ; At ; At^2 ; At^3 ; At^4 ; $\cdots$
$\dot{x} =$	$-3At^{-4}$; $-2At^{-3}$; $-At^{-2}$; A ; $2At$; $3At^2$; $4At^3$; $\cdots$

在牛顿的符号标记中 $\dot{x}$ 表示x的变化率，$\ddot{x}$ 表示该变化
率的变化率。因此，举例来说，假如 $x = At^3$，

$$\dot{x} = 3At^2 \text{和}$$

$$\ddot{x} = \boxed{\overset{\cdot}{3At^2}} = 3A \cdot 2t = 6At$$

同样地，$\dddot{x}$，即变化率的变化率的变化率，在同一情况

29

下将等于：

$$\ddot{x} = \boxed{\dot{6At}} = 6A$$

我们现在可以尝试将这些简单的规则应用于伽利略的物体的自由落体公式中。在第1章中，我们发现在某一时刻t所走的距离s可以用以下公式表达：

$$s = \frac{1}{2}at^2$$

由于速度v是位置变化率，于是我们得到：

$$v = \dot{s} = \frac{1}{2}a \cdot 2t = at$$

这表示速度与时间成正比。对于加速度a，即速度变化率（或位置变化率的变化率），我们得到：

$$a = \ddot{s} = \dot{v} = a$$

显然，这是一个顺理成章的结果。

在我们结束这个主题之前，我们必须注意到牛顿的流数标记符号在今天的书本中很少使用。就在牛顿发展他的流数法（现在被称为"微分学"）的同时，德国数学家戈特弗里德·威廉·莱布尼茨（Gottfried W. Leibniz）也正沿着相同的路线进行研究，然而，他使用了一个有点不太一样的术语和记法。牛顿称为一阶、二阶……流数，莱布尼茨则称作一阶、二阶……导数，并且，他不是写成 $\dot{x}$，$\ddot{x}$，$\dddot{x}$，……，而是写作：

$$\frac{dx}{dt};\ \frac{d^2x}{dt^2};\ \frac{d^3x}{dt^3};\ \cdots\cdots$$

当然，这两种标记符号的数学意义是相同的。

微分学研究当几何图形的各部分划分成无限小时，这些部分之间的关系；而积分学的任务则完全相反，它将无限小的部分集合成最终的几何图形。我们在第1章中遇到了这种方法，当时我们描述了伽利略的方法，即将许多非常细的矩形相加，这些矩形的面积代表了粒子在很短时间间隔内的运动。在伽利略之前，希腊数学家们也曾使用类似方法计算圆锥和其他简单几何图形的体积，但解决这类问题的普遍方法尚未知晓。

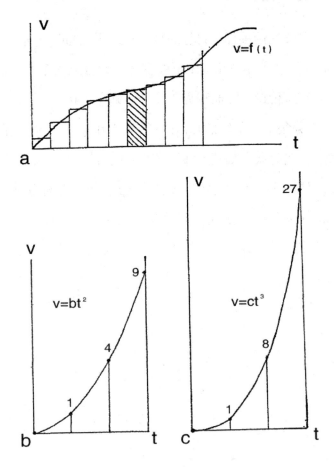

图9.(a)任意函数的积分;(b)二次函数的积分;(c)三次函数的积分

为了理解微分和积分之间的关系，让我们来看看一个点的运动，其速度由函数v（t）来表示，如图9所示。使用与图3中所表示的简单情况相同的参数，我们可以得出结论：在时间t内所走的距离s可由速度曲线下的面积来表示。在任何特定时刻s的变化率可由当时的运动速度来表示，因此我们分别用牛顿和莱布尼茨的记法，可以写成：

$$\dot{s} = v \text{ 或者} \frac{ds}{dt} = v$$

因此，如果v由时间的函数来表示，则s必须是时间的函数，其流数（或导数）等于v。在匀加速运动的情况下：

$$v = at$$

所以我们必须找出其流数等于at的时间函数。查询本章前面的表格，我们发现At^2的流数是$2At$，因此$\frac{1}{2}At^2$的导数等于At。因此，将A替换为a，我们发现$s = \frac{1}{2}at^2$。当然，这与伽利略纯粹从几何学思考中获得的结果相同。

但是让我们考虑两个更复杂的情况，一个是速度随着时间的二次方增加，另一个是随着时间的三次方增加。对于这两种情况，我们可以将速度v表达为：

$$v = bt^2 \text{ 以及 } v = ct^3$$

这两种情况由图9中的图形表示，而且正如前面的简单情况中那样，所走的距离由曲线下面的面积表示。但是，由于我们这里是曲线而非直线，因此没有简单的几何规则能够指出如何求得这些面积。用牛顿的方法,我们再看一下本章前面的表格,可以发现At^3和At^4的导数是$3At^2$和$4At^3$,不同于速度的给定表达式,只有数值系数。因此,令$3A = b$和$4A = c$,我们得出两条曲线下的面积:

$$s_b = \frac{1}{3}bt^3 \quad 和 \quad s_c = \frac{1}{4}ct^4$$

该方法非常通用,可用于t的任何次幂以及更复杂的表达式,例如:

$$v = at + bt^2 + ct^3$$

对此我们得到:

$$s = \frac{1}{2}at^2 + \frac{1}{3}bt^3 + \frac{1}{4}ct^4$$

从讨论中,我们可以看到积分是微分的逆运算:这里的问题是要找到一个未知函数,它的导数等于一个给定的函数。因此,我们现在可以重写本章前面的表格,改变这两行的顺序,并改变数值系数,形式如下:

$\dot{x} =$	$At^{-4}; At^{-3}; At^{-2}; A; At; At^2; At^3; \cdots\cdots$
$x =$	$-\dfrac{A}{3}t^{-3}; -\dfrac{A}{2}t^{-2}; -At^{-1}; At; \dfrac{A}{2}t^2; \dfrac{A}{3}t^3; \dfrac{A}{4}t^4; \cdots\cdots$

我们说x是$\dot{x}$的积分。在牛顿的记法中写作:

$$x = \left(\dot{x}\right)'$$

在括号外的重音符号抵消了x上方的点。在莱布尼茨的记法中,我们写作:

$$x = \int \dot{x}dt$$

右侧前面的符号只不过是一个细长的S代表单词sum（求和）。

让我们将这个新表格应用于同一个均匀加速运动的例子。由于加速度不变，我们写作：

$$\ddot{x} = a \ \text{或} \ \boxed{\dot{x}} = a$$

从中得出：

$$\dot{x} = \int adt = at$$

再进行一次积分计算并查询一下我们的新表格，我们得出：

$$x = \int at \cdot dt = \frac{a}{2}t^2$$

也就是说，与之前获得的结果相同。如果加速度不是不变的，但假如它与时间成正比，我们会有：

$$\ddot{x} = bt$$

$$\dot{x} = \int btdt = \frac{1}{2}bt^2$$

$$x = \int \frac{1}{2}bt^2 dt = \frac{b}{2}\int t^2 dt = \frac{b}{6}t^3$$

因此，在这种情况下，移动物体所走的距离将按照时间的三次方增加。

当所有3个坐标轴x、y和z都存在时，微分和积分的基本公式可以扩展到三维，但是我们将这部分留给那些觉得前面的讨论太过简单的读者。

　　研究出微积分的基本原理之后，牛顿将它应用于解决阻碍他的万有引力理论的问题上。首先，解决了地球自身对距离其中心任何距离的任一小物体的重力问题。为此，他将地球划分为薄的同心壳，并分别考虑它们的引力作用（图10）。为了使用积分，我们必须将壳的表面分成许多面积相等的小区域，然后根据平方反比定律计算每个区域对物体O施加的引力。该分析导致许多方向上的力被施加到点O上，这些力应该根据向量加法的规则进行积分计算。该问题的实际解决方案已经超出了我们讨论过的基本原理，但牛顿设法解决了这个问题。结果是：当点O在球壳外部时，所有向量加起来所形成的力等于球壳整个质量集中于球心时与O点之间的引力。当点O在球壳内部时，所有向量的总和恰好为0，因此没有重力作用于物体上。这个结果解决了牛顿关于地球对苹果施加的引力问题，并证明了他当年在林肯郡农场果园里思考自然界之谜时所阐明的万有引力定律。

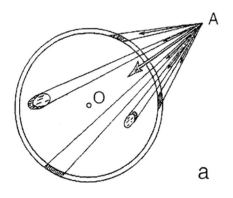

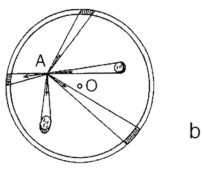

图10.(a)球壳对外点施加的引力(b)同样的情况,只不过是内点而不是外点。

第四章
行星轨道

既然我们已经对微积分有了初步了解，我们可以尝试将它应用于引力作用下的自然和人造天体的运动。让我们先计算一下，为了摆脱地球引力束缚，火箭应该以多快的速度从地球表面发射出去。想想那些搬家具的人，他们必须将一架三角钢琴从街上搬到一栋高层公寓的某层。每个人（尤其是家具搬运工）都会认为把一架三角钢琴搬到三层比搬到一层需要花3倍的时间。搬运沉重家具所做的功也与它们的重量成正比，搬运6把椅子所做的功是搬把椅子的6倍。

当然，这些都是无关紧要的，但是将火箭提升到足够的高度使其进入预定轨道所做的功或者将其升到更高的高度使其落在月球上所做的功是什么情况呢？在解决这类问题时，我们必须记住，重力随着远离地球中心而减小，我们把物体升得越高，就越容易把它升到更高处。

图11显示了重力随着距离地心远近的变化情况。为了计算将物体从地球表面（距地心的距离R_0）带到距离R所需的总功，考虑到重力不断减小，我们将从R_0到R的距离分成许多小间隔dr，并考虑走到该距离时所做的功。由于距离的微小变化，重力可以被认为是几乎恒定的（记得家具搬运工吗？），所做的功就是移动物体的力与移动距离的乘积，即图11中虚线矩形的面积。我们可以得出结论：将物体从R_0提升到R的总功表示引力曲线下的面积，也就是在前一章的记法中所讲到的积分

$$W = \int_{R_0}^{R} \frac{GMm}{r^2} dr = GMm \int_{R_0}^{R} \frac{1}{r^2} dr$$

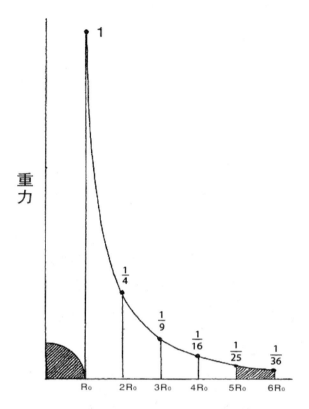

图11.重力随距离而减小（R₀是地球的半径）。

（由于常数在积分计算过程中不受影响，我们可以将GMm移到积分符号外，并将其与积分的最终结果相乘。）查找上一章的表格，我们发现$\frac{1}{r^2}$的积分是$-\frac{1}{r}$（由于$\frac{1}{r}$的导数是$-\frac{1}{r^2}$）。因此，所做的功为：

$$W = -\frac{GMm}{R} - \left(-\frac{GMm}{R_0}\right) = GMm\left(\frac{1}{R_0} - \frac{1}{R}\right)$$

表达式

$$P_R = -\frac{GM}{R}$$

（指要提升的单位质量）也被称为"引力势"，我们可以说从地球表面提升一个单位质量到太空中的某个距离等于这两个地方的引力势差。

这种简单问题在牛顿的早期研究阶段就已知晓，但他面临着更困难的工作，他需要解释行星围绕太阳运动以及行星的卫星运动的确切规律——此规律在牛顿之前的半个多世纪已被德国天文学家约翰尼斯·开普勒（Johannes Kepler）发现。在研究行星对恒星的运动时，开普勒利用了他的老师第谷·布拉赫（Tycho Brahe）获得的数据。开普勒发现：所有行星的轨道都是椭圆的，且太阳位于椭圆的两个焦点之一。古希腊数学家把椭圆定义为一个圆锥的横截面，该圆锥被一个倾斜于圆锥轴的平面切割，平面的倾角越大，椭圆的长轴就越长。如果平面垂直于圆锥轴，椭圆就会变成一个圆。椭圆的另一个等价定义是一条闭合曲线，它具有以下特性：椭圆上每个点与长轴上的两个固定点（焦点）的距离之和相等。这个定义提供了一种简便方法，即可以通过两个大头针和一根绳子来绘制一个椭圆，如图12所示。开普勒第二定律指出，太阳系行星沿椭圆轨道的运动以这样的方式进行：太阳和行星的连线在相等时间内扫过相等的面积（图12）。

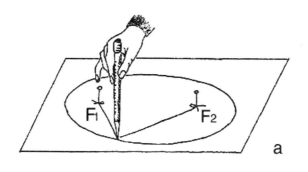

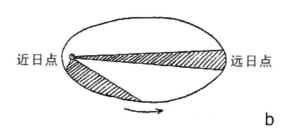

图12.（a）绘制椭圆的简单方法；（b）开普勒第二定律。

最后，开普勒年后发表的第三定律指出：不同行星公转周期的平方与它们（绕太阳运动的椭圆）轨道的半长轴立方的比值是一个常量。因此，如果水星、金星、火星和木星与太阳的距离，以地球与太阳的距离（所谓的"天文单位"距离）来表示，数值分别为0.387、0.723、1.524和5.203，而他们的公转周期分别为0.241、0.615、1.881和11.860年。取第一个数列（距离）的三次方和第二个数列（周期）的平方，我们得到相同的数值结果，即：0.0580、0.3785、3.5396 和140.85。

在牛顿的早期研究中，为了简单起见，牛顿把月球轨道看作是圆形，这种近似法使得他得出了第2章介绍的引力定律相对基础的推导。但是，在迈出这一步之后，他必须证明，如果万有引力定律是完全正确的，那么偏离圆的行星轨道必定是椭圆形的，而且太阳就位于其中的一个焦点上。当然，月球也是如此，因为它的轨道不是圆形的，而是椭圆形的。牛顿无法通过圆形和直线的经典几何学来证明，并且如前所述，他发展了微分学，主要就是为了解决这个问题。前一章给出的微分学基本原理不足以重现牛顿证明行星轨道应该是椭圆形的证据，但我们希望这个讨论至少能帮助读者理解牛顿是如何解决这个问题的。在图13中，向我们展示出了行星沿着某一轨迹OO'以某一速度v的运动。对于这类运动，我们很容易描述行星在任一时刻的位置，可以通过给出它与太阳的距离r以及由太阳到行星的连线（极径）与其在宇宙空间中某一固定方向（比如说对处于黄道平面上某一恒星的方向）所成的角度θ(theta)来表示。行星的位置可以由极坐标r和θ来表示，其位置的变化率可以由它们的流数$\dot{r}$和$\dot{\theta}$来表示，其变化率的变化率（即加速度）可以由它们的二阶流数$\ddot{r}$和$\ddot{\theta}$来表示。一般而言，作用在行星上的引力$F = \frac{GMm}{r^2}$不垂直于其轨道，因为它处于椭圆运动中。因此，使用力的加法规则，我们可以将运动分解为两个部分: 一个是指向轨道的F_L, 另一个是垂直于轨道的F_t。[1]

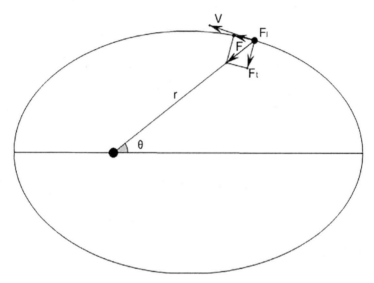

图13.行星沿着椭圆轨迹运行时所受的力。

做完这一步, 再应用牛顿的基本力学定律, 该定律指出: 一个方向上运动的加速度与作用在该方向上的力成正比, 这样就能得到所谓的行星运动的微分方程, 这些方程给出了坐标r和θ之间的关系, 它们的流数$\dot{r}$和$\dot{\theta}$之间的关系以及它们的二阶流数$\ddot{r}$和$\ddot{\theta}$之间的关系。其余的只是纯粹的数学——只是找出r和θ如何必须依靠时间以便让它们的一阶、二阶流数以及它们本身满足微分方程? 答案是必须沿着椭圆轨道运

1.指数 L 和 t 代表纵向和横向。

动，且太阳在椭圆焦点上，使得极径在相等的时间间隔内扫过的面积相等。

　　虽然我们在这里只能给出开普勒前两个定律的"描述性"推导，但通过简单假设行星的轨道是圆形的，我们可以给出他的第三定律的精确推导。事实上，我们在第二章已经看到，圆周运动的向心加速度是V^2/R，其中v是运动物体的速度，R是轨道的半径。由于向心加速度乘以质量必定等于引力，我们可以写作：

$$\frac{mv^2}{R} = \frac{GMm}{R^2}$$

　　另一方面，由于圆形轨道的长度为$2\pi R$，一个周期的时间T显然可以由下面的公式来表示：

$$T = \frac{2\pi R}{v}$$

由此可以得出

$$v = \frac{2\pi R}{T}$$

用上式代替第一个式子里面的v，我们得到：

$$\frac{m4\pi^2 R^2}{T^2 R} = \frac{GMm}{R^2}$$

然后，两边消去m并重新调整一下：

$$4\pi^2 R^3 = GMT^2$$

这就是它的全部! 该公式表明R的三次方与T的平方成正

比，这正是开普勒第三定律。

通过更精细地应用微积分，可以表明相同的定律也适用于更为普遍的椭圆轨道情况。

因此，通过发现解决问题所需要的数学理论，牛顿终于能够证明太阳系行星的运动确实遵从万有引力定律。

第五章
地球是一个旋转的陀螺

解决了地球引力如何使月球进入轨道、太阳的引力如何使地球以及其他行星沿着椭圆轨道围绕着它运动的问题之后，牛顿便将注意力转向了这两个天体对我们的地球绕其轴旋转的影响。他意识到，由于绕轴自转，地球必须具有压缩椭球体的形状，因为赤道区域的重力会有一部分被离心力抵消。事实上，地球的赤道半径比南北两极的半径长13英里，赤道的重力加速度却比南北极低0.3％。因此，地球可被视为由赤道隆起带（图14下部的阴影区域）围绕的球体，赤道处约13英里厚，在两极处缩小到0。虽然太阳和月球作用于地球球面部分物质的引力相当于施加在中心的单一力，但作用在赤道隆起带上的力却不会平衡。实际上，由于重力随距离增大而减小,作用在部分隆起带的转向吸引体(太阳或月亮)上的力F_1大于作用在另一侧上的力F_2。结果,出现了扭矩或扭力,趋向于拉直地球的旋转轴,使其垂直于地球轨道(黄道)平面或月球轨道平面。那么为什么地球的旋转轴不会在这些力的作用下转动?

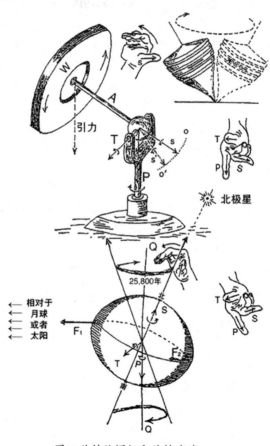

图14.旋转陀螺仪和旋转地球。

要回答这个问题，我们必须认识到地球实际上是一个巨大的旋转陀螺，它的运动就像我们从小就熟悉的那种玩具。当让它快速旋转时，陀螺不会像我们以为的那样倒下，而是与地板保持倾斜，在它旋转的时候，旋转轴划出了一个环绕垂直方向的宽锥体（图14中右上角）。由于摩擦，只有当陀螺旋转减慢时，它才会倒向地板并在沙发下打滚。图14的上半部分，展示了用于理论力学课程中的一个更精细的旋转陀螺模型。该模型由一个叉子F组成，它可以绕垂直轴旋转，支撑在悬挂点周围自由移动的杆A。在杆的自由端安装了一个飞轮W，它在滚珠轴承上旋转并带有轻微摩擦。如果轮子没有运动，系统的正常位置是杆向下倾斜而且轮子搁在桌子上。然而，如果我们让轮子快速旋转，情况就完全不一样了，对于第一次观察到这种现象的人来说，这种运作方式几乎是令人难以置信的。杆和轮子都不会跌落，只要轮子旋转，轮子、杆和叉形支撑就会围绕垂直轴缓慢地旋转，这就是众所周知的陀螺仪原理。它有许多的实际应用，其中包括"陀螺罗盘"，它能引导船只穿越海洋，引导飞机穿过空气；还有就是"陀螺稳定器"，它能防止在恶劣天气下摇晃和偏航。

　　陀螺仪最有趣的应用可能是由法国物理学家让·佩兰（Jean Perrin）制造的，他将一个正在运行的航空陀螺仪装入行李箱并在巴黎火车站检查了一下（当时还没有商用航空公司）。当法国的"红帽子"（指搬运工）拿起手提箱，穿过车站，试图拐个弯时，他拿着的手提箱拒绝跟随他前进。当吃惊的"红帽子"加力时，行李箱以意想不到的角度转动把手，扭动"红帽子"的手腕（图15）。"红帽子"一边用法语大喊："魔鬼一定在里面！"，一边扔下手提箱跑掉了。一年后，让·佩兰获得了诺贝尔奖，不过不是因为他的陀螺实验，而是因为他在分子热运动方面的研究。

图15.佩兰的实验。

要了解陀螺仪的特殊表现，必须熟悉旋转运动的向量表示。在第1章中，我们看到平移运动的速度可以在运动方向上画箭头（矢量）来表示，并且具有与速度成正比的长度。对于旋转，也可以使用类似方法。我们沿着旋转轴画箭头，箭头的长度对应于以RPM（每分钟转数）或任何其他等效单位测量的角速度。箭头的指向通过"右手螺旋"定则来确定：如果你将右手弯曲的手指放在旋转方向上，拇指将指向箭头的正确方向。（当你试着拧开玻璃瓶或其他东西的时候，用这个规则也很方便。）在图14的上半部分，矢量S表示飞轮的旋转速度。由重力引起的扭矩（扭转力）用横跨叉铰链的矢量T来表示。在旋转运动的情况下，扩展一下平移运动定律，我们可以推测出角速度的变化率与施加的扭矩成正比。因此，重力对旋转陀螺的影响将会是由矢量S表示的旋转速度变为由矢量S'表示的旋转速度，也就是围绕着垂直轴旋转，这正是所观察到的旋转陀螺的表现。图14中的手表示了飞轮的角速度、扭矩和由此产生的运动之间的空间关系。如果你将右手的中指指向旋转矢量方向，拇指指向扭矩矢量方向，食指就能指示出系统的最终旋转。

　　我们刚刚所描述的现象叫做"进动"，对于所有旋转体来说都是很常见的，无论是恒星还是行星、儿童的玩具，还是原子中的电子。在地球运动中，进动是由太阳和月球的引力所引起的，而后者起主要作用，虽然它比太阳质量小，但更接近地球。月球—太阳进动的综合效应使地球的轴线每年转动50角秒，并使地球每25,800年转完整个圆周，希腊天文学家希帕克斯大约在公元前125年就发现了这种现象。它导致了春季和秋季开始的日期缓慢地改变（昼夜平分点的岁差），但等到牛顿提出了万有引力理论之后这个现象才得到了解释。

第六章
潮 汐

太阳和月球对地球的另一个而且更为重要的影响是地球球体形状昼夜的改变，最明显的是海洋的潮汐现象。牛顿意识到海平面的周期性上升和下降是由太阳和月球对海水施加的引力所引起的，而月球的影响要比太阳大得多，因为即使月球比太阳小很多，但它距离我们也要近很多。牛顿认为，由于引力随着距离的增加而减小，因此，月光或阳光照射地球那一侧的海水所受到的引力要大于另一侧海水所受到的引力，因此必定会把海水提升到正常水位以上。

许多人第一次听到海洋潮汐的解释时都会觉得很难理解。为什么会有两个潮汐波？一个潮汐波朝向月球或太阳的这一边，另一个潮汐波则在相反方向，那边海水似乎向引力的相反方向流动。要解释这一点，我们必须详细讨论太阳—地球—月球系统的动力学。如果将月球固定在一个给定的位置上，比如位于地球表面某个竖立的巨型塔顶上或者如果地球本身被某些超自然力量固定在运行轨道上的某一点处并保持静止，那么海水确实会在一侧聚集，而另一侧的海平面就会降低。但是，由于月球围绕着地球旋转，而地球围绕着太阳旋转，情况就完全不同了。

让我们先来看看太阳潮汐。由于在围绕太阳的运动中，地球保持一体，朝向太阳一侧的线速度（图16a中的F）小于地球中心的线速度（C），而后者又低于背面一侧的线速度（R）。另一方面，就像我们在第4章中所看到的那样，在太阳引力作用下，圆形轨道上物体运动所需的线速度必定会随着它与太阳之间距离的增加而减小。因此，点F处的线速度小于维持该处圆周运动所需的线速度，因此点F会具有朝向太阳偏转的趋势，如图16a中F处的虚线箭头所示。类似地，点R的线速度比其圆形轨道所需的线速度更高，它就会具有远离太阳移动的趋势（R处的虚线箭头）。因此，如果在形成地球物质的不同部分之间没有吸引力，它将会破成碎片，而且碎片会在整个黄道平面上以宽盘的形式散开。然而，这种情况不会发生，因为地球不同部分之间的引力G倾向于将它们保持在一起。作为折中，我们的地球在轨道半径方向上变长，而且每侧有两个隆起带。

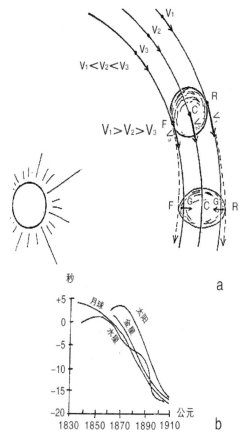

图16.(a)潮汐力的起源;(b)天体运动的明显延迟。

　　关于月球潮汐,如果人们明白地球和月球围绕它们共同的重心移动,那么这个论点就完全一样了。因为月球的质量大约为地球质量的 $\frac{1}{80}$,地球和月球之间的共同重心在距离地球中心，长度为月球与地球之间距离的 $\frac{1}{80}$ 处。而地球与月球之间的距离等于60个地球半径，因此我们可以得出结论：地月系统的重心位于距离地球中心的 $\frac{60}{80}=\frac{3}{4}$ 个地球半径处。尽管在几何学中存在数量上的差异，但物理论证却仍然相同。地球海洋的海水形成了两个隆起带，一个隆起带指向地月系统的重心（也是朝向月球的方向），另一个则指向相反的方向。

当太阳、地球和月亮位于一条直线上时，即在新月和满月期间，月亮和太阳的潮汐作用叠加的时候，潮汐特别高。然而，在一个月的上弦月和下弦月的天数内，月球的高潮与太阳的低潮相遇，潮汐效应就会降低。

由于地球并非是绝对刚性的，月球—太阳潮汐力会使它的球体变形，尽管这些变形远小于液体包络中的变形。美国物理学家阿尔伯特·迈克尔逊（A. A. Michelson）从他的实验中发现，与海洋表面4—5英尺的变形相比，地球表面每12小时就会发生约1英尺的变形。由于地壳的变形缓慢而平稳，我们没有意识到我们生活在摇摆的地基上，但是当我们观察到大陆海岸上升的海潮时，我们必须记住，我们看到的只是陆地和海水的运动在垂直方向上落差的结果。

我们地球上的海洋潮汐在海底（特别是在白令海等浅水盆地）经历摩擦，并且在与大陆海岸线碰撞的过程中失去了能量。两位英国科学家哈罗德•杰弗里斯爵士（Sir Harold Jeffreys）和杰弗里·泰勒爵士（Sir Geoffrey Taylor）估计，潮汐每天连续运动所做的总功约为20亿马力。由于能量的耗散，地球绕轴自转的速度减慢了，就像汽车的轮子在制动时一样。将潮汐中的这种能量损失与地球自转所需的总能量进行比较，可以发现地球每完成一次自转所需的时间会增加0.00000002秒，每天比前一天长了两亿分之一秒。这是一个非常小的变化，从今天到明天或从今年到来年，都没有办法测量它。但随着时间的流逝，这种影响也会累积起来。100年包含36,525天，因此一个世纪前每天的时长比现在短了0.0007秒。平均而言，从那时到现在，一天的时长比现在短了0.00035秒。但是，由于已经过去了36,525天，总累积误差必定是：36,525×0.00035 = 14秒。

每个世纪14秒是一个小数字，但它完全在天文观测和计算的准确性范围内。事实上，地球自转的速度减慢解释了一个长期困扰天文学家的偏差。比较太阳、月亮、水星和金星相对于恒星的位置，天文学家确实注意到，与一个世纪以前基于天体力学所计算的位置相比，它们似乎按部就班地超前了（图16b）。如果一个电视节目比你预期的要早15分钟开始，如果你在一家商店关门前不到15分钟的时候就发现它关门了，又如果你错过了一趟你认为一定能赶得上的火车，你不应该去责怪广播电台、商店和铁路公司，而应该要怪你的手表，因为它大概慢了15分钟。同样地，时间天文事件中的15秒差异应该归因于地球速度的减慢而不是其他天体速度的加快。在意识到地球自转减慢之前，天文学家将地球视为一个完美的时钟。现在他们更加清楚了，并引入了由潮汐摩擦引起的校正。

本世纪初，英国天文学家、《物种起源》作者的儿子乔治·达尔文（George Darwin）研究了在长时间内，通过潮汐摩擦产生的能量损失是如何影响地月系统。

为了理解达尔文的论证，我们必须要了解一个重要的机械量，被称为旋转物体的"角动量"。让我们思考一个质量为m的物体，以旋转速度v围绕着固定轴AA′旋转，它与固定轴之间的距离为r（图17a）。这有可能是地球围绕着太阳旋转、月球围绕着地球旋转或者只是一个绑在绳子上的石头，在一个男孩的手里晃动。角动量I被定义为物体的质量、速度、以及它与轴之间的距离这三者的乘积：

$$I = mvr$$

当我们考虑一个物体（无论是飞轮还是地球）时，它绕着穿过物体中心的轴旋转（图17b），情况就变得有点复杂了。虽然在前面的例子中，物体的各部分以大致相同的速度移动（只要物体的大小比其运行轨道的大小要小），但围绕中心轴旋转的物体各个部分会有不同的速度。物体的一部分离旋转轴越远，移动得就越快。以地球为例，在赤道上的点的速度要比在北极和南极上的点的速度要大得多，而且在南北极上的点是根本不移动的。那么在这种情况下，我们如何定义角动量呢？当然，它的方法就是使用积分计算。

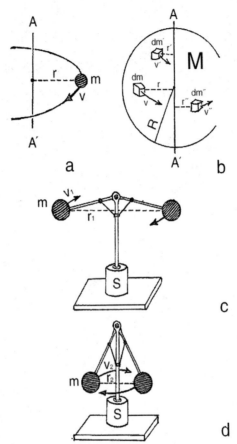

图17.(a)旋转体的角动量是球体的质量(m)、速度(v)与旋转轴的距离
(r)三者之间的乘积。计算旋转刚体(b)的角动量是通过对无限多个小
块(例如dm′、dm″等等)的角动量进行求和来完成的。保持角动量不变的
速度的变化如图(c)和(d)所示。

我们将物体的整个质量m分成许多的小块dm、dm′、dm″等等，并计算每个小块的角动量。图中所示的3个这样的小块位于距离转轴r、r′和r″处，且具有速度v、v′和v″，当然，这些速度与这些距离对应成正比。为了获得整个物体的角动量I，我们必须对所有这些小块的角动量求积分，可以写成：

$$I = \int dm_i v_i r_i$$

其中积分法是应用于整个物体上的。利用微积分，我们可以证明

$$I = \frac{2}{5} v_r r$$

其中r是旋转体的半径，v_r是处于其赤道上的点的速度。

从牛顿推导出的经典力学基本定律之一的是角动量守恒定律，它表明如果任意数量的物体围绕着它们的轴旋转，那么，系统的总角动量必定始终保持不变。

通过使用图17下方所示的小工具，可以对该定律进行基本的课堂演示。它是由挂在两根杆两端的重物组成，这两根杆连接到垂直轴的顶部，以非常小的摩擦力在插座S里旋转。一个特殊装置（图中未显示出）可以让我们随意地使球上升（图17c）或者使其下降（图17d）。

假设使重物处于升高位置（c），我们使该系统围绕它的轴旋转，从而使其具有一定的角动量。根据先前的定义，每

个球的角动量将等于mv_1r_1，其中v_1和r_1具有如图17c中所示的含义。当系统在旋转时，我们将球降低到图17d所示的位置，使得它们距离轴的距离r_2变为先前距离r_1的一半。由于mv_r一定不会改变，因此r减小为原来的$\frac{1}{2}$，必然导致v增加为原来的2倍。因此，角动量守恒定律要求速度必须加倍，实际上，在第二种情况下我们可以观察到$v_2=2v_1$。

这个原理可用于使马戏团的杂技演员以及滑冰运动员等制造出惊人的效果。他们可以在绳子上或者冰面上以相对较低的速度旋转，双手向两侧伸展，突然将双手靠近自己的身体，然后变成闪闪发光的漩涡。

回到地月系统中来，我们可以得出结论：角动量守恒定律表明，由于潮汐摩擦引起的地球绕地轴旋转速度的减慢，必然会导致月球绕地-月共同中心运动的角动量以相同的幅度增加。

角动量的增加如何影响月球运动？月球在轨道上运动的角动量为：

$$I = mvr$$

其中m是月球的质量，v是它的速度，r是轨道的半径。另一方面，牛顿的万有引力定律与离心力公式相结合，我们可以得出：

$$\frac{GMm}{r^2} = \frac{mv^2}{r}$$

其中M是地球的质量。从而:

$$\frac{GM}{r} = v^2$$

由此,以及上述I的表达式,我们得出:

$$r = \frac{I^2}{GMm^2}$$

和:

$$v = \frac{GMm}{I}$$

如果读者无法再现以上的推导,那么就相信作者吧!从上面的公式可以得出:月球在绕地球运动时的角动量的增加必然会导致它与地球距离的增加、线速度的减小。

从观察到的地球自转速度减慢的大小可以计算出月球的后退速度为每转 $\frac{1}{3}$ 英寸。因此,每当你看到一轮新月,它离你的距离就越远。每个月 $\frac{1}{3}$ 英寸是天文距离的一个微小变化,但另一方面,地月系统肯定已经存在数十亿年了。把这些数字放在一起,乔治·达尔文发现,在40—50亿年前,地球和月球必定非常地接近,他指出它们可能曾经是单一的物体,之所以会分裂成两部分可能是由于太阳引力的潮汐力或者是太阳系很久以前的其他灾难性事件所造成的。达尔文的假设是与对月球起源感兴趣的科学家之间存在巨大分歧的根源。其中有些人是该假设的狂热信徒（只不过是因为它很美丽），而其他人则是它的死敌。

关于月球的未来，我们可以再说几句，因为月球可以在天体力学的基础上计算出来。由于逐渐后退，月球最终将会离地球很远，以至于它将在晚上作为灯笼的替代品而变得毫无用处。与此同时的是，太阳潮汐会逐渐地使地球自转的速度减慢（假如海洋不会冻结），那么有一天，我们一天的长度将会超过一个月的长度。月球潮汐的摩擦力将使地球的自转速度加快，并且依据角动量守恒定律，月球将开始返回地球，直到最后它将像它出生时一样接近地球。在这一点上，地球的引力可能会将月球撕成无数块，形成一个类似于土星环的环形物。但是天体力学给出的这些事件的日期是如此遥远，以至于太阳可能已经耗尽它的核燃料，整个行星系将被淹没在黑暗中。

第七章
天体力学的胜利

在一个世纪之内，由牛顿提出的万有引力定律和他发明的微积分所播下的种子长成了一片美丽而茂密的森林。在伟大的法国数学家约瑟夫·路易斯·拉格朗日（Joseph Louis Legrange，1736-1813）和皮埃尔·西蒙·拉普拉斯（Pierre Simon Laplace，1749-1827）等人的计算中，天体力学在科学上达到了前所未有的巅峰。从简单的开普勒行星运动定律开始，如果行星完全在太阳引力的作用下运动，那么该理论是精确的，该理论通过考虑行星之间的相互作用或扰动而发展到高度复杂的阶段。当然，由于行星质量远小于太阳质量，它们相互之间的引力作用所引起的运动扰动非常小，但如果要达到与精确天文测量相当的精确度，就不能忽视它。这些类型的计算需要花费大量的时间和劳动力（今天通过使用电子计算机而得到缓解）。例如，一位美国天文学家布朗（E. W. Brown）花费了大约20年的时间研究冗长的数学丛书中的数千个术语，用于为他三卷四开本的《月球表》计算数据。

　　但这些艰苦研究往往带来了丰硕成果。在上个世纪中叶，一位年轻的法国天文学家勒韦里耶（J. J. Leverrier）拿他对天王星运动的计算和天王星被发现后的63年中所观察到的位置比较时，发现一定是有什么异常。天王星是在1781年由威廉·赫歇尔（William Herschel）偶然发现的。这种异常体现在：观察和计算之间的差异非常高，为20角秒（10英里以外的人相差角度），这种差异超出了观察或者理论上任何可能的误差值。勒韦里耶怀疑这些差异是由于某个未知行星在天王星轨道外移动所引起的扰动，他坐下来计算这个假想星球的大小以及它必须如何移动才能达到所观察到的天王星运动中的偏差。在1846年秋天，勒韦里耶写信给柏林天文台的加勒（J. G. Galle）："将你的望远镜对准水瓶座黄道上的那个点，经度326°，你会发现在那个地方有一个新行星，看起来像一颗9级左右的恒星，并有一个看得见的圆盘。"

　　加勒按照指引行事，这颗称为"海王星"的新星球于1846年9月23日晚被发现。一位英国人亚当斯（J. C. Adams）本来可以与勒韦里耶分享因数学计算发现了海王星的荣誉,尽管亚当斯把研究结果告诉了剑桥大学天文台的查利斯(T.Challis),但因为查利斯搜索得太慢而错失良机。

在20世纪的上半叶,故事又被重演,但没有之前那么戏剧化。哈佛天文台的美国天文学家皮克林(W. H. Pickering)和亚利桑那州洛厄尔天文台的创始人帕西瓦尔·罗威尔(Percival Lowell)在20世纪的后期争论说到:天王星和海王星的运动扰动表明,在海王星之外还有另外一颗行星的存在。但是,发现这颗行星却花了十多年的时间。洛厄尔天文台的汤博(C. W. Tombaugh)于1930年发现了这颗行星,它被称为"冥王星",可能是海王星的一颗逃逸卫星。这一发现究竟是应归功于预测者,还是要归功于艰苦卓绝的系统性搜寻者,这似乎是一个很有争议的问题。

另一个关于天体力学结论的准确性的有趣例子是,利用计算地球上日食和月食的日期来建立历史参考数据。1887年,奥地利天文学家西奥多·冯·奥波尔泽(Theodore von Oppolzer)出版了包含所有过去日食和月食计算数据的表格,从公元前1207年开始一直到公元2162年,大约共计8000次的日食和5200次的月食。使用这些数据我们会发现,例如,我们的日历落后了4年。事实上,根据历史记载,月亮进入月食是为了向犹太国王希律"致哀"。希律王在其统治的最后一年中下令屠杀伯利恒城所有的孩子,希望小基督就在他们之中。根据冯·奥波尔泽的表格，唯一符合此事实的月食发生在公元前3年3月13日（星期五），我们得出的结论是，耶稣基督比我们的传统日历早4年出生。

另一个具有重要历史意义的日、月食发生在公元前648年的4月6日，这让我们确定了希腊年表中最早的日期，还有公元911年的一次，它确立了古亚述的年表。

我们这些地球居民对计算其他行星对地球轨道的扰动有特别兴趣。地球围绕太阳运动的椭圆轨迹不会保持不变（除非地球是绕太阳运行的单一行星），而是在太阳系其他成员的引力作用下慢慢摆动和跳动。我们在第5章中已经看到，月球—太阳的进动使得我们地球的旋转轴在空间中划出一个锥形面，周期为25,800年。此外，在太阳系其他行星引力作用下，地球的轨道正在缓慢地改变其偏心率和空间倾斜度。由此产生的变化可以用天体力学的方法很精确地计算出来，图18中显示了过去10万年和未来10万年中的变化。该图的上半部分给出了地球轨道偏心率和主轴旋转的变化。地球轨道尽管是椭圆形的，但与圆形差别很小，因此它的焦点非常接近椭圆的几何中心。移动的白色圆圈表示焦点相对于轨道中心（大黑点）的运动。当两点相距很远时，轨道的偏心率很大；当它们靠近时，偏心率会很小，如果两点重合，椭圆就变成圆形了。在该图的比例中，轨道本身的直径约为30英寸。

下图给出了轨道相对于空间中不变平面的倾斜变化。这里绘制的是垂直于轨道平面与恒星球体交点的运动。我们注意到,8万年前,地球轨道的偏心率相当高,而现在(带交叉的圆圈处)要小得多,并将在2万年后变得更小。

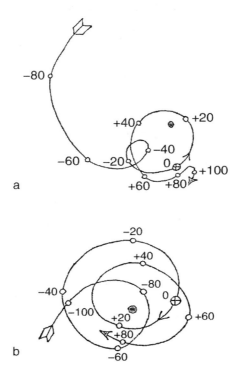

图18.由行星扰动引起的地球轨道偏心率(a)和倾斜角度(b)的变化;数字显示过去或未来的千年数(以千年为单位)。

地球轨道的变化对地球气候产生了深远的影响。偏心率的增加改变了离太阳最小距离和最大距离之间的比值，这加大了夏季和冬季温度的差异。地球轴线向其轨道平面倾斜度的增加也加大了夏季和冬季的差异。因为事实上我们知道，如果地球旋转轴垂直于运行轨道，那么地球的温度一年四季都是恒定的。1938年，塞尔维亚天文学家米兰科维奇（M. Milankovitch）试图利用这些差异来解释冰川时期，在此期间，来自北方的冰层在中纬度地区的低地周期性前进和后退。米兰科维奇遵循勒韦里耶的计算方法，类似于图18所示，但它将时间向前延伸了60万年。米兰科维奇以他的标准得到了夏季北纬65°单位面积所获得的太阳能，并计算了过去各个时期，需要向北或向南走多远才能获得相等数量的能量。这些计算结果如图19a所示，在欧亚大陆北岸的轮廓上重叠。极大值表示太阳能实质的减少，而极小值表示太阳能的增加。举例来说，10万年前，到达北纬65°（挪威中部）的太阳能与今天到达斯匹次卑尔根岛[1]纬度的太阳能相当。另一方面，仅在大约1万年前，挪威中部拥有如今奥斯陆和斯德哥尔摩的太阳气候。图19b中的曲线表示冰川向南推进，如地质数据所示，我们注意到两条曲线之间惊人地一致。

1.挪威的属地，位于北冰洋上，是最接近北极的可居住区之一。——作者注

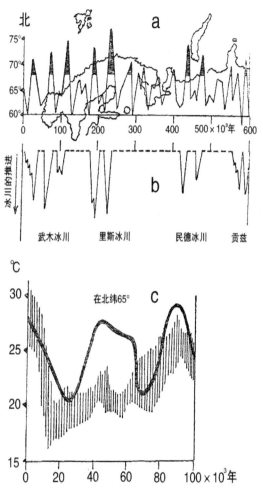

图19.米兰科维奇的气候曲线(a)与冰川过去的进展(b)和海洋的古温度
(c)的比较。

图19c中的曲线，仅对应于过去的10万年，由加利福尼亚大学的汉斯·休斯（Hans Suess）于1956年出版，代表了过去地质时代海水的温度，由美国著名科学家哈罗德·尤里（Harold Urey）于1951年首次提出的巧妙方法而估算出来的。该方法基于以下事实：海底碳酸钙（C_aCO_3）沉积物中氧（O^{18}和O^{16}）的重、轻同位素的比值取决于沉积期间的海水温度。因此，通过测量海底以下不同深度沉积物中的O^{18}/O^{16}的数值，人们可以知道10万年前海水的温度，就像从船上降下的温度计来测量海水温度那么确定。休斯过去10万年的海水温度曲线与米兰科维奇对同一时期所计算的温度曲线相当吻合。因此，尽管一些气候学家反对，他们认为"几度温差不可能产生冰河时期"，但古老的塞尔维亚人似乎是正确的。因此，我们应该可以得出结论：虽然行星不会影响个人生命（正如占星家们坚持的那样），但从长远的地质历史来看，它们肯定会影响人类、动物和植物的生活。

第八章
逃脱地心引力

"向上运动的事物必会下落"，这是一句古典谚语，这不再是真的了。近年来从地球表面发射的一些火箭已成为地球的人造卫星，它们的寿命无限长，而其他火箭则迷失在浩瀚的星际空间之中。采用第4章中解释的引力势概念，我们可以很容易地计算出一个物体要想永远不回来，必须要以什么样的速度从地球表面被抛上去。我们已经看到，将质量为m的物体从地球表面提升到距离地球中心为R的高度所做的功是：

$$GMm\left(\frac{1}{R_0} - \frac{1}{R}\right)$$

其中G是引力常数，M是地球质量，m是物体质量，R_0是地球半径。如果物体要超出返回点，我们必须令 $R = \infty$（无穷大），$\frac{1}{R} = 0$。因此，在这种情况下所做的功变为：

$$\frac{GMm}{R_0}$$

另一方面，质量为m、以速度v移动的物体的动能为

$$\frac{1}{2}mv^2$$

因此，为了给它足够的能量来克服地球引力，必须要满足以下条件：

$$\frac{1}{2}mv^2 \geq \frac{GMm}{R_0}$$

符号≥的意思是"大于"或"等于"。由于m在等式的两边消掉了，因此我们得出结论：无论物体是轻还是重，把一个物体抛到地球引力范围以外所需的速度都是一样的。

从上面的等式，我们可以得到：

$$v \geq \sqrt{\frac{2GM}{R_0}}$$

然后，使 $R_0 = 6.37 \times 10^8$ 厘米；$M = 6.97 \times 10^{27}$ 克，$G = 6.66 \times 10^{-8}$，我们得出速度为11.2 公里/秒=25,000英里/小时。这就是所谓的"逃逸速度"，即物体不会落回到地面的最小速度。

当然，地球大气层的存在使情况变得很复杂。正如著名的法国科幻小说作家儒勒·凡尔纳（Jules Verne）的《环游月球》（The Journey around the Moon）所描述的，如果有人从地球表面以所需的"逃逸速度"发射炮弹，炮弹永远不会落回到地面。实际情况与儒勒·凡尔纳所描述的相反，炮弹会因空气摩擦产生的热量而立即融化，形成的碎片会因为失去初始能量而落回到地面，这是火箭相对于炮弹的优势所在。火箭从发射台起步时非常缓慢，在爬升的过程中逐渐加速。因此，它以摩擦生热尚不严重的速度穿过地球大气的致密层，并且在空气极其稀薄的高度全速前进，从而对飞行不会造成任何显著的阻力。当然，飞行开始时的空气摩擦确实会导致一些能量损失，但这些损失相对较小。

我们现在可以观察当火箭穿过地球大气层并燃烧了所有的推进燃料后，开始太空之旅时会发生什么。在图20中，我们给出了太阳系内部行星（水星、金星、地球和火星）区域内引力势的图形表示。曲线的斜率由太阳的引力GM°/r表示，其中M°是太阳质量，r是火箭与太阳之间的距离。在这个综合的斜坡上考虑了每个行星的引力而引起的局部"引力下降"。下降的深度以正确的比例表示出来，但是它们的宽度被过分夸大了，否则它们就会像垂直线一样出现在图纸上。在图的右下角（以更大的比例）显示出了地球和月球之间空间引力势的分布。由于地球到月球的距离远小于地球到太阳的距离，因此该地区太阳引力势的变化实际上并不明显。因此，为了将火箭发射到月球，人们只需克服地球引力，而且仍有足够的速度在合理的时间内走完该距离。1959年10月，俄罗斯火箭专家完成了这一壮举，并设法拍摄了月球的另一面。图21给出了这枚名为"Lunik"的火箭飞往月球和返航的轨迹。

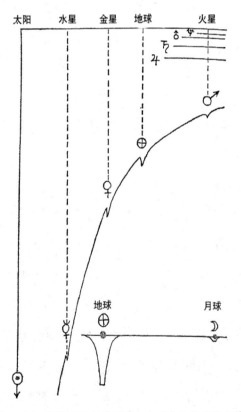

图20.太阳附近的引力势斜率。右下角为地月引力势。

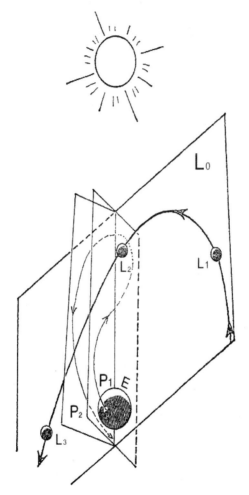

图21.第一颗绕月运行火箭的轨迹。

到达太阳系其他行星的火箭不仅要克服地球引力，还要克服太阳引力。当火箭以较小的剩余速度逃离地球引力时，它必然会沿着地球的轨道运动，而不会离太阳更近或者更远。为了脱离地球轨道，火箭必须有足够的速度来爬升太阳引力曲线的斜率。从图20中可以看出，为了到达火星轨道而需要攀爬的高度大约是地球引力坑深度的6.5倍。由于动能随着速度的平方而增加，因此这种火箭必须至少具有以下速度：

$$11.2 \times \sqrt{6.5} = 28\frac{km}{\sec}$$

　　为什么不选择一个更简单的任务呢？要往上去到达金星而不是往下去到达火星呢？具有讽刺意味的是，对于弹道导弹而言，沿着斜坡向下走以及沿着斜坡向上走同样是困难的。重点是火箭在脱离地球引力后将会受到地球轨道的约束。如果火箭要远离太阳，它的速度必须大幅地增加，这将需要大量额外的燃料。但要靠近太阳也并不容易！由于火箭在太空中飞行，不能通过踩刹车来降低速度，因为只有当火箭从前方喷出强力射流时，其速度才能降低，这与加速时从后方喷射所需燃料差不多相同。但是，由于金星的轨道比火星的轨道更靠近我们，因此引力势差只是地球引力下降的5倍，任务也相对容易一些。事实上，在1961年2月12日，俄罗斯火箭专家向金星发射了一枚火箭，它永远没有再回来。

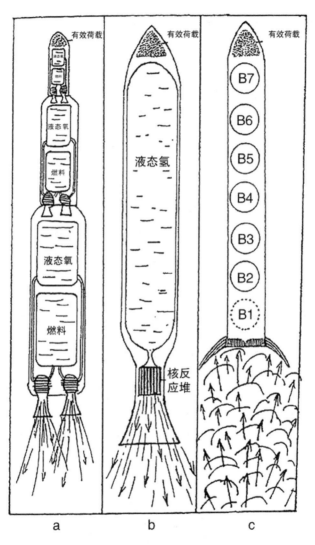

图22.(a)多级化学火箭;(b)常规核火箭;(c)非常规核火箭。

到目前为止，所有发射到太空的火箭都是由普通化学燃料驱动的，基于图22a所示的多级原理。几个尺寸逐渐减小的火箭一个置于另一个的上面，并且通过发射第一级的发动机，即底部的最大火箭来开始行程。当这个现代图腾柱达到最大的上升速度，第一级火箭的燃料箱空空如也，它与其余部分分开，第二级火箭的发动机也就启动了。这个过程一直持续到最后一个阶段，最终将火箭里所有的物品包含仪器、老鼠、猴子或者是人加速到所需的速度。

目前正在深入研究的另一种可能性是使用核能。必须记住的是，太空船的推进与海上舰艇或空中飞船的推进是完全不同的问题。对于后者，我们所需要的只是能量，因为这些船通过推动周围的介质而前进，无论是水还是空气。人们无法推挤真空前进，而太空船是通过喷嘴喷射飞船所携带的一些材料来推进的。在普通的化学燃料火箭中，我们有一种二合一的情况，通过在两个单独的罐中携带的燃料和氧化剂之间的化学反应产生能量，并且该反应的产物用作从喷嘴喷射的材料。然而，利用产生能量化学过程的产物作为喷射物质的优势被抵消了，因为燃烧产物（主要是二氧化碳和水蒸气）是由相对较重的分子所组成的。喷射驱动飞行器的理论表明，推力随着形成射流分子重量的增加而减小。因此，使用最轻的化学元素——氢是有利的，可是氢作为一个元素，是不会因任何种类的燃烧而产生的。然而，可以做到的是携带一罐子液态氢，并用某种核反应堆将其加热到非常高的温度。这种核火箭的示意图如图22b所示。

将核能用于火箭推进很有前途的另一个方案由洛斯阿拉莫斯科学实验室的斯坦尼斯·乌拉姆（Stanislaw Ulam）博士最早提出，如图22c所示。火箭主体装满了大量的小型原子弹，这些小型原子弹从后方的开口一个接一个地发射出来，并在火箭后面一段距离爆炸。这些爆炸产生的高速气体将追上火箭，并对火箭尾部形成的大圆盘施加压力。这些连续的冲击力将使火箭加速直到它达到所需的速度。对这种推进方法的初步研究表明，它可能优于反应堆加热液态氢的设计。

像这本书这样的非技术性书籍中，很难描述太空飞行进展中出现的所有可能想法，我们通过强调一个重要观点来结束本章内容。在将太空船送到（也可能送出）太阳系的某个遥远地方时，人们面临两个截然不同的问题：第一，如何摆脱地球的引力？第二，逃脱了地球引力后如何获得足够的速度前往目的地？到目前为止，在这个方向上的所有尝试都局限于给予火箭足够的初始速度以逃离地球引力，并以足够的剩余速度继续前进。然而，我们可以将这两个任务分开，并对第一步和第二步使用不同的推进方法。

要逃离地球表面需要一个猛烈的动作，因为如果火箭发动机的推力不够大，火箭将会冒烟而不会从发射台上升起来。此时，强大的化学或核推进方法就很有必要了。一旦太空船升起并进入到地球周围的卫星轨道上，情况就会大不相同。在卫星轨道上，我们有足够的时间对太空飞船加速，并且可以使用不那么强烈且更经济的推进方法。它仍然可以是化学能、核能或者也可以是太阳射线提供的能量，但我们并不着急，也没有掉落的危险。进入我们地球轨道的太空船可能需要时间来加速飞行，并沿着缓慢展开的螺旋轨道运动，最终以足够的速度完成它的任务。一开始的猛烈动作与其余旅程的悠闲航行相结合，很可能是太空旅行问题的未来解决方案。

第九章
爱因斯坦的万有引力理论

牛顿的理论在描述天体运动方面是深入且详细的，而且取得了巨大成功，这是物理学和天文学历史上一个令人难忘的时代。然而，引力相互作用的本质，特别是引力是与质量成比例，而使所有物体以相同的加速度下落的原因，一直不为人所知，直到1914年爱因斯坦发表了一篇这方面的论文。早在10年前，爱因斯坦就提出了他的狭义相对论。他假设在封闭的小室，即使我们可以把这间小室变成一个非常复杂的物理实验室，都难以通过观测而回答这个小室是静止还是在做匀速直线运动。在此基础上，爱因斯坦否定了绝对匀速运动的观点，抛弃了古老而矛盾的"固体以太"概念，建立了他的相对论，这一理论彻底改变了物理学。事实上，在平静的海面上航行的船舱里(这一章写于伊丽莎白女王号一个内部舱室)或者拉着窗帘的飞机穿越平静的空气中,人们无法通过机械、光学或其他物理测量而获知船是在航行还是停泊?飞机是在飞行还是停在飞机场?但是,如果大海波涛汹涌、气流激荡起伏或者是轮船撞上了冰山、飞机撞上了山顶,情况就完全不同了,任何偏离匀速运动的情况都会被强烈地感知到。

为了解决这个问题,爱因斯坦设想自己是一位宇航员,在远离具有引力的任何大型物体的太空观测站中,进行各种物理实验的结果会是怎样(图23)?在相对于遥远的恒星处于静止或匀速运动的这样一个空间站里,实验室里的观察人员和所有没有固定在墙上的仪器都可以在舱里自由地漂浮。这里没有"上"和"下"概念。但是,一旦火箭发动机启动,太空舱朝某个方向加速,就会观察到与重力非常相似的现象。所有的仪器和人都会被推到与火箭发动机相邻的墙上,这面墙将成为"地板",而对面的墙将成为"天花板"。人们可以站起来,像站在地上一样。如果太空飞船的加速度等于地球表面的重力加速度,里面的人会认为他们的飞船还停在发射台上。

图23.阿尔伯特·爱因斯坦在一枚假想的火箭中。

为了测试这种"假引力"的特性，假设处于加速火箭内的观察者应该同时释放两个球体，一个是铁球，一个是木球。"实际"会发生的事情可以这样描述：当观察者把两个球体握在手中时，两个球体会随着火箭船发动机的推动而以一种加速方式运动。然而，一旦他松手放开球体，从而将它们与火箭体分离，就不会再有任何力作用于它们身上，两个球体会并排以释放时飞船的速度运动。可是，火箭船本身将不断加速，太空实验室的"地板"将很快追上两个球体，同时"撞上"它们。对于释放了这两个球的观察者来说，这种现象看起来就不一样了，他将看到球体同时落下并"落到地板上"。如果他记得伽利略在比萨斜塔上的演示，也会更加相信在他的太空实验室里确实存在着一个常规的引力场。

这两种关于球体情况的描述都是正确的，爱因斯坦在他的新理论——相对论引力理论中，引入了这两种观点的等效性。在加速室内进行的这种观测与在"真实"引力场中进行的观测之间所谓的"等效原理"，如果只适用于力学现象，它将会是微不足道的。但是爱因斯坦提出这种等效性其实是相当普遍的，在光学和所有电磁现象中也是如此。

让我们来思考一束光从空间实验室的一面墙传播到另一面墙会发生什么。如果我们用一系列荧光玻璃板穿过它，或者简单一点，我们向光束上吹香烟烟雾，我们就可以观察光的路径。图24显示当一束光线穿过几块距离相等的玻璃板之间时,"实际上"发生了什么。在(a)中,光线击中第一块板的上部,产生了荧光点;在(b)中,当光到达第二块板,它产生的荧光更接近于板的中间;在(c)中,光线照射到第三块板上更低的地方。由于火箭运动是加速的,所以在第二个时间间隔中所走的距离是第一个时间间隔的3倍,因此,3个荧光点不在一条直线上,而是在一条向下弯曲的抛物线上。考虑到室内的观察者所看到的所有现象都是由于重力引起的,他将从实验中得出结论:光线在引力场中传播时是弯曲的。因此,爱因斯坦得出结论认为:如果等效原理是物理学的一般原理,那么,从遥远恒星发出的光线,如果在到达地球观测者的途中接近太阳表面,将会发生弯曲。他的结论在1919年的日蚀中得到了很好证实,当时英国在非洲考察的一支天文科考队观测到了日偏食附近恒星位置发生了明显偏移。因此,引力场和加速系统的等效性成为物理学中不容置疑的事实。

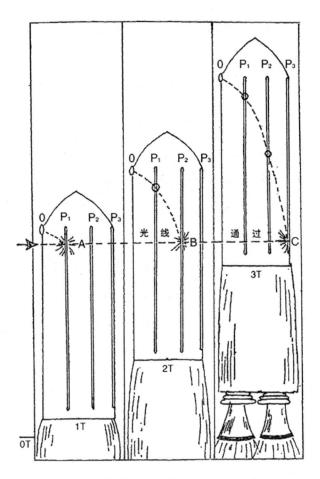

图24.阿尔伯特·爱因斯坦在一枚假想的火箭中。

我们现在来看看另一种加速运动及其与引力场的关系。到目前为止，我们已经讨论了速度大小发生改变而方向不变的情况。还有一类运动，它的速度方向发生变化而数值不变——旋转运动。想象一个旋转木马（图25），它周围挂着窗帘，这样里面的人就不能通过观察周围环境来判断平台在旋转。众所周知，站在旋转平台的人会受到离心力作用，离心力会把他推向平台边缘，放在平台上的球会从中心向外滚。作用于任何放在平台上物体的离心力与物体的质量成正比，所以我们又可以把这种情况看作是在引力场中，但这是一个非常特殊的引力场，与地球或者太阳周围的引力场有着很大不同。首先，它并不表示随着距中心距离的平方而减小的引力，它对应的则是一个与距离增加成正比的斥力。其次，它并不是围绕中心点呈球形对称，而是围绕中心轴呈圆柱对称，并且正好与平台的旋转轴相吻合。但是爱因斯坦的等效原理在这里也同样适用，这些力可以解释为，分布在距离对称轴无穷远处物体的引力引起的。

在这样一个旋转平台上发生的物理事件可以用爱因斯坦的狭义相对论来解释，根据狭义相对论，测量杆的长度和时钟的速度受它们的运动影响。事实上，这一理论的两个基本结论是：

（1）如果我们观察到一个物体以一定的速度v从我们身

边经过, 在它运动的方向上, 它看起来就会缩小一个系数

$$\sqrt{1-\frac{v^2}{c^2}}$$

其中c是光速。对于与光速相比非常小的普通速度来说, 这个系数实际上等于1, 这样就不会观察到明显的缩小。但当v接近于c时, 就会起到很大的作用。

（2）如果我们观察到一个时钟以速度v从我们身边经过, 它就像走慢了一样, 而且它的速度减慢到原来的

$$1/\sqrt{1-\frac{v^2}{c^2}}$$

就像在空间收缩的情况下, 只有当速度v接近于光速时才能观察到这种效果。

考虑到这两种效应, 让我们看一下在旋转平台上进行观测的结果。假设我们想找到光在平台上不同点之间传播的规律, 我们选择了旋转圆盘外围的两个点A和B（图25a）, 一个作为光源, 另一个则作为光的感受器。根据光学基本原理, 光总是沿着最短路径传播。在旋转平台上A点到B点之间的最短路径是什么?测量连接点A和点B之间线的长度, 在这里我们将使用老式但稳妥的方法, 就是用码尺（原意指棍子, 即计算棍子的数量）计算出A、B两点之间的直线距离。如果这个圆盘不旋转, 情况就很明显, 点A和B之间的最短距离就是

按传统的欧几里得几何学中讲的沿着直线距离。但是如果圆盘在旋转，放置在线AB上的码尺就会以一定的速度运动，因此它们的长度就会发生相对收缩。然后你就需要用更多的棍子才能覆盖这段距离。然而，在这里有趣的情况出现了。如果你把码尺移到离中心越近的地方，它的线速度就越小，它的收缩程度也越小。因此，将码尺所在的线向中心弯曲，将需要较少的码尺数，因为，虽然"实际"距离稍微变长了，但因每段码尺收缩变小而得到了补偿。如果我们用光波来代替码尺，我们就会得出这样的结论：光线也会朝着引力场方向弯曲，引力场是指向远离中心的方向。

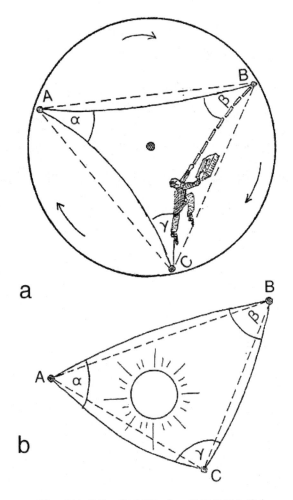

a

b

图25.阿尔伯特·爱因斯坦在一枚假想的火箭中。

在离开旋转木马平台之前，让我们再做一个实验。我们拿一对同样的钟，把一个放在平台中心，另一个则放在它的外围。由于第一个时钟处于静止状态，而第二个时钟则以一定的速度运动，因此第二个时钟相对于第一个时钟会走得慢一些。将离心力解释为重力，人们会说，放置在更高引力势（即在重力作用方向）的时钟将会走得更慢，这种减慢同样适用于其他所有的物理、化学和生物现象。一对孪生姐妹在帝国大厦当打字员，在一楼工作的女孩比在顶楼工作的女孩衰老得慢。然而，差别将非常小，根据计算，10年后，在一楼的女孩将比在顶楼的孪生姐妹年轻百万分之一秒。相对地球表面而言，太阳表面的引力势差的影响要大得多。放在太阳表面的时钟相对于地球表面的时钟将减慢0.0001%。当然，没有人能将时钟放到太阳表面去看着它走，但通过观察太阳大气中原子发出光谱线的频率证实了预期的减慢。

双胞胎姐妹以不同的速度老化，是因为她们工作的地方有不同的引力势，这一问题跟双胞胎兄弟的问题密切相关。双胞胎兄弟中的一个坐在家里，而另一个常常旅行，让我们想象这对双胞胎兄弟，一个是宇宙飞船的飞行员，另一个在地球表面的太空站。飞行员开始飞向遥远星球的任务，以接近光速的速度驾驶宇宙飞船，而他的双胞胎兄弟则在太空站办公室继续他的工作。根据爱因斯坦的说法，这两个人都比另一个要衰老得慢。因此，当飞行员兄弟返回地球时，人们以为他会发现他的办公室兄弟比他老得慢些，但是办公室兄弟会得出完全相反的结论。这显然是无稽之谈，因为如果通过头发变灰来衡量是否变老，两兄弟只要并排站在镜子前就能知道谁老得快。

这个悖论的答案是，关于双胞胎兄弟相对变老的说法只有在狭义相对论的框架内是正确的，狭义相对论只考虑匀速运动。在这种情况下，飞行员肯定不会回来，因此不可能和他的办公室兄弟并排站在镜子前比较变灰的头发。这两兄弟能做的是用两台电视机：一个在太空总站办公室显示飞行员兄弟和太空船驾驶舱里的时钟；另一个在太空船里显示在办公室桌前的兄弟和头上的时钟（图26）。

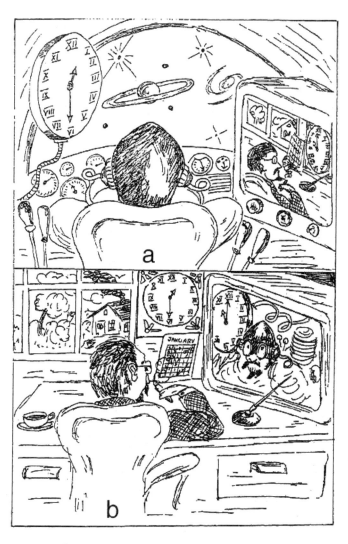

图26.两部电视上所观察到的双胞胎兄弟的相对衰老情况。

华盛顿大学的尤金·芬伯格（Eugene Feenberg）博士根据众所周知的无线电信号传播规律，从理论上对这种情况进行了研究，他得出的结论是：看着电视屏幕，兄弟俩中的每个人其实都会观察到另一个人会衰老得更慢。但如果飞行员兄弟必须返回，首先他必须让宇宙飞船减速，使它完全停止，并加速让它回家。这种必然性使这对双胞胎兄弟处于完全不同的位置。正如我们之前看到的，加速和减速相当于一个引力场，它减慢了时钟，以及所有其他现象的速度。而且，正如在帝国大厦一楼工作的打字员比在顶楼工作的双胞胎姐妹衰老的速度要慢，在太空飞行的兄弟比他在地面工作的双胞胎兄弟衰老速度要慢。因此，如果飞行时间足够长，返航的飞行员就会转动他的黑胡子，看着双胞胎兄弟发亮的光秃脑袋。因此，这里根本没有矛盾。

马里兰大学的辛格（S. F. Singer）提出了一项有趣的实验，旨在证实引力对时间的减慢作用（如果需要进一步证实的话），他建议在绕着地球不同高度的圆形轨道运行的卫星上放置一个原子钟。计算得出卫星在低于地球半径的高度飞行，主要的相对论效是由于其飞行速度导致时钟速度减慢，可由时间膨胀系数 $\sqrt{1-\frac{v^2}{c}}$ 来表示。然而，对于在较高高度飞行时，速度效应将变得不那么重要了，时钟会走快，而不是走慢，因为它处于较弱的重力场中（就像在帝国大厦楼顶工作的女孩）。毫无疑问的是，这个有趣的实验将会证实爱因斯坦的理论。

这个讨论让我们得出的结论是：光在引力场中并不是沿直线传播，而是沿引力场方向上的曲线传播，由于码尺的收缩，两点之间最短距离并不是直线，而是向引力场方向弯曲的曲线。但是，除了在真空中光的路径或两点之间的最短距离之外，还有什么能给"直线"下一个定义呢？爱因斯坦的观点是：在引力场中，人们应该保留"直线"的传统定义，并不是说光线和最短的距离是弯曲的，而应该说空间本身是弯曲的。人们很难设想一个弯曲的三维空间，更难以想象一个以时间为第4个坐标弯曲的四维空间。最好的方法是用二维平面的类比，这样我们可以很容易想象出来。我们都熟悉平面欧几里德几何，它适用于可以在平面上绘制的各种图形。但是，如果我们不是在平面上而是在曲面上画几何图形，比如球面，欧几里德定理就不再成立了。如图27所示，（a）代表一个平面上的三角形；（b）代表一个球面上的三角形；（c）代表一个被称为"鞍形曲面"上的三角形。

一个平面三角形三个角的和总是等于180°，球面三角形的三个角的和总是大于180°，多出的部分取决于三角形大小与球面大小的比率。鞍形曲面上三角形的三个角之和小于180°。的确，在球面和鞍形曲面上组成三角形的线从三维角度来看并不是"直的"，但它们又是"最直的"——也就是这两点之间的"最短"距离，如果人们被限制在该表面上。为了不混淆术语，数学家们称这些线为"测地线"。

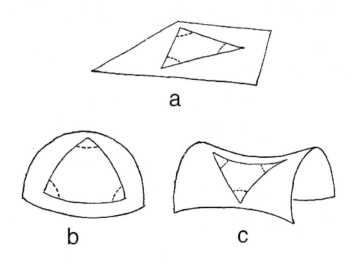

图27.在（a）平面、（b）球面和（c）鞍形曲面上的三角形。

类似地，我们可以讨论三维空间中连接两个点的测地线或最短的线，光线会沿着这些线传播。通过在空间中测量三角形的三个角之和，如果这个总和等于180°，我们可以把该空间称为平面；如果总和大于180°，称为球面或正向弯曲；如果总和小于180°，称为"鞍形曲面"或反向弯曲。想象一下，3位天文学家分别在地球、金星和火星上测量在这3颗行星之间传播的光线所形成的三角形的角度。正如我们之前了解的，因为在太阳引力场中传播的光线朝重力的方向弯曲，情况如图25b所示，三角形三个角的和将会大于180°。在这种情况下，光是沿着最短距离或者"测地线"传播是合理的，但太阳周围的空间是正向弯曲的。同样，在引力场中，也相当于转盘上的离心力场（图25a），三角形三个角之和小于180°，该空间必须被看作是反向弯曲的。上述论点是爱因斯坦引力几何理论的基础。他的理论取代了牛顿的观点，按照牛顿的观点，像太阳这样大质量物体在周围空间产生某些力场，使行星沿着弯曲的轨迹而不是直线运动。在爱因斯坦的画面中，空间本身变得弯曲，而行星是在这个弯曲空间中沿着"最直的线"（即"测地线"）运动。为了避免误解，应该补充一点，我们这里指的是四维时空连续体中的"测地线"，当然，说轨道本身是三维空间中的"测地线"是错误的，该情况已在图28中展示出来，图中展示了时间轴t和两个空间轴x和y，x轴和y轴处于轨道的平面，那条弯曲线被称为移动物体（在这里指地球）的"世界线"，它是时空连续体中的"测地线"。爱因斯坦将重力解释为时空连续体的曲率，其结果与经典牛顿理论的预测略有不同，因此允许观测验证。例如，它解释了水星轨道主轴每世纪43角秒的进动，从而解开了一个存在已久的经典天

1.这里必须注意的是，图28中的垂直和水平比例尺不可避免地要用不同单位表示。事实上，如果以光传播的时间来表示，地球轨道的半径只有8分钟，从一个1月的到另一个1月的距离，当然是一年，即多了六万倍的时间。因此，在规定比例尺中，"测地线"确实会偏离直线，但偏差很小。——作者注

体力学之谜。

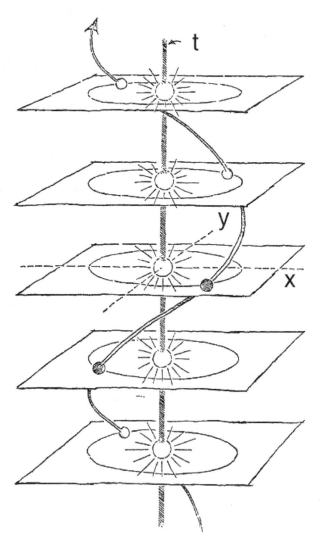

图28.两部电视上观察到的双胞胎兄弟的相对衰老情况。

第十章
引力未解之谜

在迈克尔·法拉第（Michael Faraday, 1791-1867），他对电磁学做出许多重要贡献)的实验室日记中，1849年，他记下了一个有趣的条目：

"当然，重力必须能够与电、磁和其他力产生实验关系，以便与它们在相互作用和等效作用中建立关系。考虑一下如何着手用事实和试验来处理这个问题。"

但是这位著名的英国物理学家为了发现这种关系所进行的无数次实验都毫无结果，他在日记中这样总结道：

"我的尝试暂时告一段落，结果是否定的。它们并没有动摇我对重力与电之间存在关系的强烈感觉，尽管实验并没有证明这种关系存在。"

很奇怪的是，由牛顿提出并由爱因斯坦完成的引力理论，现在竟然处于孤立状态，成了科学界的泰姬陵（图29），与其他物理分支的快速发展毫无关系。爱因斯坦的引力场概念是由狭义相对论发展而来的，而狭义相对论是基于上世纪英国物理学家詹姆斯·克拉克·麦克斯韦(1831–1879)提出的电磁场理论。但是，尽管做了许多尝试，爱因斯坦和其他追随者们都未能与麦克斯韦的电动力学建立起任何联系。

图29.引力神庙（神庙上的字母是爱因斯坦相对论引力理论的基本方程）。

爱因斯坦的引力理论或多或少与量子理论是同一时代的产物，但在它们出现的这45年里，这两种理论的发展速度却截然不同。量子理论因马克斯·普朗克（Max Planck）提出，由尼尔斯·玻尔（Niels Bohr）、路易斯·德布罗意（Louis de Broglie）、欧文·薛定谔（Erwin Schrodinger）以及维尔纳·海森堡（Werner Heisenberg）等人工作推动，已取得了巨大进展，并发展成一门广泛的学科，详细地解释了原子及其原子核的内部结构。另一方面，爱因斯坦的引力理论至今仍保持着半个世纪前他提出引力理论时的样子。当数百甚至数千位科学家研究量子理论的各个分支并将其运用到许许多多实验研究领域，只有少数人坚持把自己的时间和激情投入到引力研究的进一步发展上。真空会比物质实体简单吗？还是爱因斯坦的天才在我们这个时代完成了所有关于引力的事情，从而剥夺了下一代人进一步发展的希望？

　　在将引力简化为时空连续体的几何性质后，爱因斯坦承认电磁场也一定有一些纯粹的几何解释。"统一场论"是在这种信念的基础上发展起来的，但它的发展并不顺利。爱因斯坦去世时，他在场论方面并没有带来任何像他以前的作品那样简单、优雅和令人信服的东西。现在看来，只有通过了解我们现在经常听到的基本粒子以及具有特定质量和电荷的特殊粒子在自然界中为什么确实存在才能找到引力和电磁力之间真正的关系。

这里的基本问题涉及粒子之间的引力和电磁相互作用的相对强度。在本书前面章节，我们推导出了引力定律，它建立了吸引力和距离之间的平方呈反比关系。法国科学家查尔斯·库伦（Charles A. Coulomb, 1736-1806）在1784年证明了电荷之间力的类似平方反比定律。

假设我们考虑两个4×10^{-26}克质量的粒子之间的电力和引力，粒子质量介于质子和电子质量之间，相互之间距离为r。根据库仑定律，静电力由 e^2/r^2 表示，其中e（4.77×10^{-10}静电单位[1]）是基本电荷。另一方面，根据牛顿定律，引力相互作用由 $\frac{GM^2}{r^2}$ 表示，其中G（6.67×10^{-8}）是引力常数，M（4×10^{-26}克）是中间质量。两个力的比值是 $\frac{e^2}{GM^2}$，其数值上等于10^{40}。任何声称描述电磁与引力之间关系的理论必须解释为什么这两个粒子之间的电相互作用比引力相互作用大10^{40}倍。必须记住，无论用什么单位制来测量各种物理量，该比值都是纯数，并且保持不变。在理论公式中，通常具有数值常数，其可以用纯数学的方式推导出来。但是这些数值常数通常是小数字，如2π，$\frac{3}{5}$，$\frac{\pi^2}{3}$等等。如何从数学上推导出一个大到10^{40}的常数？

1.一个静电电荷单位定义为一个电荷，它以一个达因的力排斥1cm距离的相等电荷。——作者注

20多年前,一位著名的英国物理学家狄拉克(P. A. M. Dirac)在这个方向提出了一个非常有趣的建议。他认为数值10^{40}根本不是常数,而是一个随时间变化并与宇宙年龄相关的变量。根据宇宙膨胀理论,我们宇宙起源于大约5×10^{9}年或10^{17}秒前。当然,一年或一秒是用于测量时间的一个非常任意的单位,我们应该选择从物质和光的基本属性中推导出基本时间间隔作为时间度量。一种非常合理的方法是选择光传播距离等于基本粒子的直径所需的时间间隔作为基本时间单位。由于所有基本粒子的直径约为3×10^{-13}cm,并且由于光速为3×10^{10}cm/s,因此该基本时间单位为

$$\frac{3 \times 10^{-13}}{3 \times 10^{10}} = 10^{-23} s$$

将宇宙当前年龄(10^{17}s)除以该时间间隔,我们得出$10^{17}/10^{-23} = 10^{40}$,其与观察到的静电力和引力的比率具有相同的数量级。因此,狄拉克说,电力与引力的比值是我们宇宙当前时期的特征。比如说,当宇宙的年龄只有现在的一半时,这个比值是就是现在比值的一半。由于有充分的理由假设基本电荷(e)不随时间而变化。狄拉克得出结论:引力常数(G)随时间而减小,并且这种减小可能与宇宙的膨胀和它里面的物质稳定稀薄有关。

狄拉克的这些观点后来受到了爱德华·泰勒(Edward

Teller，"氢弹之父"）的批评，他指出引力常数G的变化会导致地球表面温度的变化。实际上，引力的减小将导致行星轨道半径的增加，这（根据力学定律可以显示）将会和G成反比例变化。这种减小还会导致太阳内部平衡的扭曲，导致其中心温度的变化以及产生能量的热核反应速率的变化。

根据恒星的内部结构和能量产生理论，可以证明太阳光度L会随着$G^{7.25}$而变化。由于地球表面温度随着太阳光度的4次方根除以地球轨道半径的平方而变化，如果G与时间成反比，则与地球轨道半径的关系如下：它与$G^{2.4}$成正比或者与（时间）$^{2.4}$成反比。假设太阳系的年龄为30亿年，这在泰勒发表文章时似乎是正确的，他计算出在寒武纪时期（5亿年前），地球的温度一定比水的沸点高约50℃，这样我们星球上所有水都必然是以热蒸汽的形式存在。因为根据地质数据，在此期间存在发达的海洋生物，泰勒得出结论，狄拉克关于引力常数可变性的假设是不正确的。然而，在过去10年中，对太阳系年龄的估计已经向相当高的数值转变，正确的可能是50亿年甚至更多。这将使原始海洋温度低于水的沸点，如果三叶虫和志留纪软体动物可以生活在非常热的水中，那么就会使泰勒的异议无效。它也可能有助于古生物学理论，在生命进化的早期阶段增加热突变速率，并且在更早的时期提供合成核酸所需的非常高温度，而核酸与蛋白质一起形成所有生物的基本化学成分。因此,引力常数的可变性问题仍然存在。

引力和量子理论

正如我们已经了解的,牛顿质量之间的引力相互作用定律与电荷之间的静电相互作用定律非常相似,而爱因斯坦的引力场理论与麦克斯韦的电磁场理论有许多共同点。因此,我们很自然地认为,振动的质量会产生引力波,就像振动的电荷会产生电磁波一样。在1918年发表的一篇著名文章中,爱因斯坦确实得到了广义相对论基本方程的解,这个方程表示这种引力扰动在空间中以光速传播。如果它们真的存在,引力波必定携带能量,但是它们的强度或运输能量非常小。例如,地球在绕太阳的轨道运动中发射大约0.001瓦特,这将导致它在10亿年内向太阳下落百万分之一厘米!还没有人想到一种方法来探测如此微弱的电波。

引力波是否像电磁波那样被分成离散的能量包或量子?这个问题和量子理论一样古老,狄拉克在两年前终于回答了这个问题。他成功地量化了引力场方程,表明引力量子能量或称"引力子"等于普朗克常数h乘以它们的频率—也就是给出了光量子或光子能量的同一个表达式。然而,"引力子"的自旋是光子自旋的两倍。

由于引力波微弱，它在天体力学中并不重要。但是，"引力子"在基本粒子的物理学中难道不会起到某种作用吗？这些终极物质通过发射或吸收适当的"场量子"以各种方式相互作用。因此，电磁相互作用（例如带相反电荷物体的吸引力）涉及光子的发射或吸收，可能引力相互作用与"引力子"相类似。在过去几年中，已变得清晰的是，物质的相互作用可分为不同类别：（1）强相互作用，包括电磁力；（2）弱相互作用，例如放射性核的"β衰变"，此过程中发射出一个电子和一个中微子；（3）引力相互作用，比弱相互作用弱得多。

相互作用的强度与相应的量子发射速率和吸收概率有关。例如，一个原子核需要大约 10^{-12} 秒发射一个光子。相比之下，中子的 β 衰变需要12分钟——时间变长了大约 10^{14} 倍。可以计算出，原子核发射引力子所需的时间是 10^{60} 秒，即 10^{53} 年！其速度是弱相互作用的 $1/10^{58}$。

现在，中微子本身具有极低的吸收率（即与其他类型物质相互作用）的粒子。他们没有电荷，也没有质量。早在1933年，尼尔斯·玻尔就问道："中微子与引力波量子有什么区别？"在所谓的弱相互作用中，中微子与其他粒子一起被发射出来。那些仅涉及中微子的过程又如何？比如说，一个受激发的原子核发射出中微子—反中微子呢？没有人发现过这样的事件，但它们可能会发生，可能与引力相互作用的时间相同。一对中微子将提供两个自旋，这是狄拉克计算出的引力子的自旋值。当然，所有这些都是最纯粹的猜测，但中微子与引力之间的联系是一种令人兴奋的理论的可能性。

反引力

在威尔斯（H. G. Wells）的一个奇妙故事中，描述了一位英国发明家卡沃尔先生，他发现了一种名为"奥氏体"（"cavorite"）的反重力物质，这种材料令重力无法穿透，就像铜片和铁片可以用来屏蔽电力和磁力一样，一片"奥氏体"可以保护物体不受地球重力影响，放在这种薄片上方的任何物体都会失去它的全部或者大部分重量。卡沃尔先生建造了一个巨大的球形平底船，四面环绕着用"奥氏体"做的百叶窗，可以打开也可以关闭。一天晚上，当月亮高挂在空中，他上了平底船，关闭了所有朝向地面的百叶窗，并打开了所有朝向月亮的百叶窗，关上的百叶窗切断了地球重力，仅仅受到月球重力的影响，平底船飞向了太空，带着卡沃尔先生在我们卫星表面上进行了许多不同寻常的冒险。为什么这样的发明不可能？或者这真是不可能吗？牛顿万有引力定律、库仑电荷相互作用定律和汉弗莱·吉尔伯特爵士关于磁极相互作用定律之间存在着深刻的相似性。并且，如果可以屏蔽电力和磁力，为什么就不能屏蔽引力呢？

为了回答这个问题，我们必须考虑电和磁屏蔽的机制，它与物质的原子结构密切相关。每个原子或分子都是一个带有正电荷和负电荷的系统，在金属中，存在大量的自由负电子通过带正电荷离子的晶格。当一块物质被放入电场时，电荷会向相反方向位移，于是我们说物质会变得电极化。由这种极化引起的新电场与原来场的方向相反，两者的重叠降低了它的强度。磁屏蔽具有类似效果，因为大多数原子代表微小的磁体，当物质被置于外部磁场中时，磁体就会定向。同样，磁场强度的降低是由于原子粒子的磁极化。

　　物质的引力极化，将使屏蔽重力成为可能，这要求物质由两种粒子组成：一种是引力质量为正的粒子，将被地球吸引，另一种是引力质量为负的粒子，将被地球排斥。正负电荷以及两种磁极在自然界中同样丰富，但引力质量为负的粒子仍是未知的，至少在普通原子和分子结构中是如此。因此，普通物质不能被引力极化，这是屏蔽重力的必要条件。但是，物理学家在过去几十年中一直在研究的反粒子呢？难道不能是正电子、负质子、反中子和其他颠倒的粒子都有负引力质量吗？这个问题乍一看似乎很容易通过实验回答。我们所要做的就是观察从加速机器发出的水平正电子束或负质子束是否在地球重力场中向下或向上弯曲。由于通过核轰击方法人工生产的所有粒子都接近光速束移动，因此由于地球引力作用，水平正电子束或负质子（向上或向下）弯曲得非常小，大约为 10^{-12} cm（核径）每公里长度的轨道。当然，人们可以尝试将这些粒子减慢到热速度，就像普通中子一样去处理 。在中子实验中，一束快速中子被射入慢化剂块中，观察到出现的慢速中子以雨滴下落的速度从块中落下。但是中子的减慢是由于与慢化物质的原子核发生碰撞造成的，而良好的慢化物质，如碳或重水，就是那些原子核对中子亲和力较低的物质，它们不会在多次连续碰撞中吞噬中子。当然，任何由普通物质制成的慢化剂都会成为反中性子的死亡陷阱，它会立即和普通原子核中的普通中子一起湮灭。因此，从实验角度来看，关于反粒子引力质量符号的问题依然存在。

从理论的角度来看，这个问题也仍旧存在，因为我们没有掌握可以预测引力和电磁相互作用之间关系的理论。然而，可以说，如果未来的实验应该表明反粒子具有负引力，它将反驳等效原理，并对整个爱因斯坦引力理论造成沉重打击。事实上，如果爱因斯坦加速室里的观察者释放了一个具有负引力质量的苹果，苹果将"向上落"（相对于太空船），并且从外部观察，将以两倍于宇宙飞船的加速度移动而不受任何外力影响。因此，我们将被迫在牛顿惯性定律和爱因斯坦等效原理之间做出选择—这确实是一个非常困难的选择。

第十一章
上帝说，"牛顿诞生吧！"[1]

　　伽利略在佛罗伦萨的隐蔽住所去世的那一年，一个名叫艾萨克的早产儿诞生在了林肯郡农场里姓牛顿的这户人家。刚上学那几年，没有任何迹象可以显示艾萨克将来会成为伟大的人物。他是个体弱多病，生性腼腆的男孩，不愿意与人相处，认为还不如去看书学习。改变他性格的一件事是一次和同学打架，这个孩子是班上学习最好的孩子，对其他男孩也是一副盛气凌人的样子。牛顿被那个恶霸（他的名字没有人记得了）一脚踢到肚子上之后，牛顿开始反击，用（牛顿）"无

1.摘自亚历山大主教（1688-1744）的一首诗：

　　　　"自然界和它的律法
　　　　被黑夜笼罩着；
　　　上帝说："牛顿诞生吧！"
　　　一切都明朗了"——作者注

上的精神和必胜的决心"把恶霸打倒了。牛顿在体能比拼上赢得了胜利,牛顿决定在头脑上也赢过他,经过刻苦努力,他成为了班上成绩最好的学生。在另一场与母亲的争论中牛顿也得到了自己想要的结果,他的妈妈想让他继承农场的工作,但是,他18岁考入了三一学院,全身心投入到了数学的学习中。1665年,牛顿获得了学士学位,当时还没有什么显著成就。

瘟疫时期的进展

1665年仲夏,一场严重的瘟疫席卷了伦敦,短短几个月,每10个伦敦人就有1人死于瘟疫。由于剑桥大学距离瘟疫爆发中心很近,所以这年秋天,所有学生都被遣散回家了,学校也关门了。因此,牛顿返乡回到了林肯郡他父母的家,在那待了18个月直到剑桥大学重新开门。

在乡间退隐的这18个月是牛顿一生中最高产的时期,可以说所有使全世界都感激他的想法就是在这段时间产生的。

引用他自己的话说:

"1665年初,我发现了……任何阶二项式级数的展开规则[1]。同年5月，我发现了正切的计算方法……并在11月提出了流数术的直接计算方法（流数就是我们现在的微分），下一年1月（1666年1月），我给出了光色原理，接下来的5月，我得出了反流数术（积分），同年我开始思考月球在轨道所受的重力……并且……对比了需要将月球保持在轨道上运行的力以及在地球表面受到的重力。"

牛顿此后的科学生涯就贡献在了发展他在林肯郡产生的这些想法上。

牛顿在26岁时，成为剑桥大学的任职教授，并于30岁时被选为皇家学会会员，这是英国最高的科学荣誉。根据他自传中记载的，牛顿是典型心不在焉的教授。他"永远不在兜风、散步、打保龄球或者其他娱乐和消遣事情上花费时间，他认为只要不是花在研究上的时间就都浪费了"。他通常废寝忘食地工作到凌晨，他的同事偶尔在大学食堂里碰到他，他出现在食堂时"鞋子拖拉到脚后跟，长筒袜也打着卷，衣装不整，连头发也不梳。"牛顿由于经常沉浸在自己的思维里，在处理日常问题上就会显得十分天真和不切实际。有一个故事说："有一次，为了他的猫方便进出，就在门上打了一个洞。当这只猫生了小猫之后，他又在这个大洞旁边打了好多小洞，

1.这就是现在高中代数课教授的所谓的"牛顿二项式定理"。——作者注

每只小猫一只一个。"

　　作为一个要和别人打交道的人，牛顿不是那么讨人喜欢并且经常和他的同事发生矛盾，也许从多年前跟那位同学打架就能反映出来了。他与剑桥大学另一位物理学家罗伯特·胡克（电学理论的开创者）也有过一次激烈争吵，他们争论的内容是谁先发现了光色原理和万有引力定律。另外比较严重的争论，一个是和德国数学家哥特弗里德·莱布尼兹争论关于发明微积分的先后次序，另一个是和荷兰科学家克里斯蒂安·惠更斯有关光学理论问题发生过争执。几乎没怎么和牛顿讲过话的天文学家约翰·弗兰斯蒂德，将牛顿评价为一个"阴险的，雄心勃勃的，极其渴望被赞扬的，对于否定意见完全没有耐心的人……虽然本质上是一个好人，但是生性多疑。"

　　牛顿在剑桥大学的这些年，致力于研究自己在23-25岁之间所产生的天才想法，但是他却将自己大部分发现当成秘密隐藏了起来。这就导致了在他年纪很大时所有这些成果才得以发表：力学和重力的研究成果发表于44岁时，光学的工作成果发表于65岁。

牛顿定律

牛顿发表于1686年5月8日的《自然哲学[1]的数学原理》一书的前言中，这样写道：

"由于古人认为力学原理对于自然规律的研究至关重要，并且现在人不满足于实体形式和神秘特质，努力从自然现象中总结出数学规律，所以我在本文中要将数学发展到它所联系的（自然）哲学。古人对于力学是从两个方面考虑的，一方面是合理性，通过论证精准进行；另一方面就是实用性。而对于实用力学，所有手工技艺（即工程）都属于此，由此力学得到了它的名字。但是工匠并不能完美精准地工作，这就是力学和几何学完全不同的地方，完全精确的就叫做"几何学"，而不需要很精确的就是"力学"。然而，不精确不是力学本身的属性，而是工匠的错误。准确度不高的工匠是个不完美的技工，如果有个人能达到几何学的准确度，那么，他将是全世界最完美的技工……

我的考量出自（自然）哲学而非工程角度，我所写的论文是关于自然力量的讨论而不是人为能达到的程度，我的研究对象主要是重力，轻浮（浮力），弹性力，流体的粘性，还有类似的力学，无论是引力还是斥力。因此，我把这个工作成果命名为

1.在当时，"natural philosophy"的意思是对于自然规律的研究。——作者注

"（自然）哲学的数学原理"。因为，从运动的现象去研究自然界中的力，又通过这些力演示其他现象，这其中似乎包含着哲学的整个思想……

我希望我们能从…力学原理…解释自然现象，因为有很多理由都让我怀疑，这些现象都可能是因为物质粒子间某种力造成的，通过至今未知的某种原因，要么向彼此相互推动，凝聚成常规形状，要么相互排斥，彼此间相互远离。这些力还是未知，哲学家们至今为止在本性上的探索都是徒劳的，但是我希望这背后隐藏的基本数学原理能给力学现象或（自然）哲学的某些真实方法带来一些亮光。"

在上面引用的文字中，牛顿对于所有物理现象给出了通用的谓"机械论"[1]的思路，这个观点在物理学一直沿用到本世纪初，仅仅在相对论和量子理论的冲击下才受到冲击。将目标数学化之后，他继续将力学现象用数学过程清晰而准确地表示出来，这样的数学表达清晰而标准到可以被照搬到任何一本现代经典力学书中。在此，我们直接引用牛顿《原理》一书的开篇，为了说明17世纪科学术语的现代含义，只在某些

1.狭义机械论自然观是指一种用力学解释一切自然现象的观点，它把物质的物理、化学和生物的性质都归结为力学的性质，并且自然界中一切事物都完全服从于机械因果律，这种机械唯物主义观点最突出的代表是拉普拉斯决定论。广义的机械论自然观是指在狭义机械论自然观基础上发展而来的，一种服从于绝对因果律的自然观，持这种自然观的代表科学家是爱因斯坦。——译者注

地方（括号中）添加了注释。

定 义

定义I. 物体的量（质量）是物质的度量，可以由它的密度和体积共同求出。

因此，两倍密度的空气占两倍空间（两倍体积），它的质量则是四倍；两倍密度的空气占三倍空间（三倍体积），它的质量则是六倍。对于雪、细粉尘或者粉末这些可以被压缩、液化或者用其他方式可以浓缩的物体都能这样理解……（用现代语言来说，任何给定物体的质量等于它的密度乘以它的体积）

定义II. 运动的量是运动的度量，可以由速度和物体的量共同求出。（用现代语言来说，运动的数量，现在通常被称为"机械动量"或者简单来说"动量"等于运动物体的速度乘以质量。）

整个系统的动量是系统各部分动量的总和。因此，两倍质量的物体以相等的速度运动，则运动的量（机械动量）是两倍；两倍质量的物体以两倍速度运动，则运动的量（机械动量）是四倍。

定义III. 内力，或者物体固有的力，是一种起抵抗作用的力，每个物体通过这种力，根据内部力的大小，继续保持着它现有的状态，无论物体是在静止，还是处于匀速直线运动。（惯性力）

这个内力总是与物体的质量成正比，这个力在物体静止时感受不到，但是我们可以去理解它。一个物体由于自身的惰性，需要做些努力才能改变其现有的静止或运动状态。这种现象正是因为这种内力存在，用一个最重要的名字，它现在被称为"惯性力"或者惰性力……

定义IV. 外力是一种对物体有推动作用的力，使其改变静止状态或者匀速直线运动状态。

这种力只在施力过程中存在，一旦作用停止，这个力就不再施加在物体上了。每当物体获得一个新的运动状态后，就会有惯性力使其保持在这个状态。但是，外力的起源各不相同，有可能是振动产生的外力，压力产生的外力，或是向心力。

给出了质量、动量、惯性力以及外力的定义之后，牛顿接下来给出了运动的基本定律。[1]

定理I. 任何物体都会保持它的静止状态或者匀速直线运动状态,除非有外力施加到这个物体上使它被动地改变了运动状态。(图3-1a)

在不受空气阻力或者被重力下拉的情况下,被抛掷物体会一直保持它的运动向上。一个陀螺,虽然在内聚力的作用下各部分逐渐从直线运动偏离,但是它不会停止转动,除非它受到空气的阻碍。至于更大的运动物体,比如行星和彗星,它们在更自由的空间会受到较小的阻力作用,于是它们的运动,无论是进动还是圆周运动,维持时间会长得多。

定理II. 运动的改变量(即,机械动量)与所受到的力成正比,并且与所施加的力的方向在同一条直线上。(图3-1b)

如果某个力产生了一个运动效果,那么,两倍的力就会产生两倍的运动效果,三倍的力会产生三倍的运动效果,无论这个力是一次性施加的合力,还是一段时间内连续施加的

1.之后的定义V、VI、VII、VIII都是关于向心力、向心力的度量、向心加速度的度量以及向心运动量的度量。——译者注

力。如果被施加力的物体在运动,那么,获得的这个运动改变量(永远与施加力的方向相同)会给原来的运动有一个增加或者减少的效果,增加或者减少取决于运动改变量的方向与原来的运动方向一致或者相反(运动方向一致,则新动量为原来动量与改变量之和;运动方向相反,则新动量为原来动量减去改变量);或者在两个方向有夹角的情况下,如果它们有夹角,则会在二者的合成下,产生一个新的合成运动。

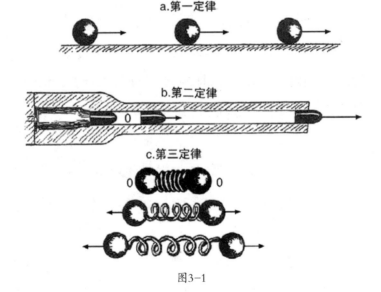

图3-1

牛顿三大运动定律:(a)置于水平面的小球不受任何外力的情况下,会沿着它本身的运动方向保持匀速直线运动。(b)在枪膛中的一颗子弹受到气体冲击被推出枪膛的这一段过程在持续加速。(c)左右两个小球在中间连接它们的弹簧处于压缩状态时会受到弹簧给两边相等的推力。如果假设图中两个小球质量相等，那么，它们接下来会以等大反向的速度运动。

　　牛顿第二运动定律可以用公式写成稍微不同的另一种形式。因为动量等于运动物体的质量乘以速度，所以，动量变化率就等于运动物体的质量乘以速度变化率，即加速度。因此可以得到，运动物体在某个力作用下产生的加速度与这个力成正比，且与物体的质量成反比。基于这个定律，我们可以定义一个单位力，将其定义为作用在1克物体上使其以1厘米/秒²的加速度加速。这个单位力称作1达因，它是一个相当小的力，差不多是蚂蚁能负担的载荷。在工程上，我们通常使用的单位是它的105倍，这个单位被称为一"牛顿"。当一个给定的力作用在某个物体上并使它移动了一段距离，这个力与距离的乘积被称为这个力所做的"功"。如果力用达因表示，距离用厘米表示，那么衡量功的单位就是"尔格"。出于工程目的，能量通常用一个大很多倍的单位"焦耳"表示，1焦耳等于107尔格。我们同样也可以引入功率的单位，表示单位时间做了多少功，它的单位通常是尔格秒，而没有一个特定的名称。工程上我们会用"瓦特"这个单位，1瓦特等于1焦耳/秒或是107尔格/秒，还有"马力"这个单位，1马力等于751瓦特或是0.751千瓦。

定理III. 对于每一个作用，通常相对地会产生一个相等的反作用。或者说，两个物体对于彼此的相互作用总是等大反向的。（图3-1c）

无论是拉还是推另一个物体，施力物体都会受到受力物体相等的力的牵引或是按压作用。也就是，在对另一个物体施加力时也会受到这个物体的反作用力。如果你用手指摁压一块石头，手指也会受到石头的挤压。如果一匹马系了一根绳子拉着一块石头，（如果我可以替它说话）这匹马也会感觉到石头在后面拉着自己。这条绷紧的绳子为了不让自己产生弹性形变而牵引着马，它传递了相同的力把马向石头的方向牵引，就像它向着马的方向牵引石头一样，这样它阻碍一方的进程以及它使另一方前进的力一样大……

有人会问，那么为什么只是马拉着石头向前，而不会石头拉着马向前呢？当然，问题的答案在于地面摩擦力的大小不同。当马的四只脚掌比石头更紧地压在地面上，马就会拉动石头。如果不是这样的话，那么，当马试图拉动石头，它只能无奈地用蹄子在地面上滑动而保持原地踏步，石头却纹丝不动。如果在石头下面安装滑轮就会减少石头与地面之间的摩擦，从而使马省了好多力气。进一步来说，如果地面的摩擦力是不存在的,水塘冻住时的冰面可以近似满足这一条件,除非二者质量恰好相等,否则两个物体一方给另一方施加拉力(或推力),二者产生的运动就会不同,因为对于一个给定的力产生的加速度与质量成反比。想象一个瘦男人和一个胖男人面对面站在冰面上,一个人推了另一个人一下,那么瘦男人往后滑退的速度比那个胖男人要快得多。类似的,由于子弹的质量比手枪轻得多,所以发射子弹时,莱福枪的后坐速度比从它的枪膛射出子弹的速度要小得多。

这个反作用原理在所有类型火箭的制造中都有应用,火箭燃料燃烧产生了大量气体,火箭燃料燃烧产生的气体以很高速度从火箭喷嘴向后方冲出,这一过程结果使得火箭本身被向前推进。火箭在燃料燃烧殆尽后所能获得的最终速度取决于火箭和燃料的质量比,为了获得最大效率,应当使这个质量比越小越好。形象地比喻一下,现代火箭设计中除去燃料以外的火箭系统总质量与燃料质量的比值大致等同于一个空鸡蛋壳与里面鸡蛋内容物的质量比。

这里不是讨论现代火箭行业工程问题的地方,我们就以发生在弗罗里达州卡纳维拉尔角发射场的有趣小插曲结束这个问题的讨论吧!当地小学开学的第一节课上,一年级的老师想知道小朋友们对读、写、算(3R)的了解程度。小强尼主动举手说:"我会数数!"老师说:"那你来吧,我们听你数一数。"小强尼便开始说，"10、9、8、7、6、5、4、3、2、1……发射！"

从空间飞行的问题回到了牛顿身上，要让这个转折看起来不那么牵强，应该提到牛顿是第一个产生发射地球卫星想法的人。在《自然哲学的数学原理》这本书的第三卷中我们可以读到：

"行星在向心力作用下保持在各自确定的轨道上运动，如果我们把这些运动看作投射的结果就可以很容易理解。由于重力作用，抛出一块石头它不会沿着初始的投射方向径直地飞上天，而会在空中划出一条曲线，并沿着这条曲线最终落到地面上。以更大速度投掷这块石头，它在落到地面上之前划过的距离就会越远。因此，假设我们以递增的速度分别投掷石头，石头对应划过了1、2、5、10、100、1000英里……然后落到了地面上，直到某个极限状态，以某个速度抛掷石头后，石头不再落到地面。定义AFB（图3-2）表示地球表面，C是地心，VD，VE，VF是从某个很高的山顶上（毋庸置疑……肯定是在英格兰高地的某个地方）以逐渐增大的速度水平抛掷物体后，物体分别的下落曲线。并且，由于高空大气稀薄，在高空中的运动受到的空气阻力很小，为了类比同样的情况，我们假设地球上没有空气或者至少在空中运动的物体受到的阻力很小到可以忽略不计。同理，圆弧VD以内的曲线是以较小的速度抛射物体产生的运动轨迹, 圆弧VE之外的曲线是以更大的速度抛射物体产生的运动轨迹, 继续增大速度, 落地点到达较远处的F、G, 如果再继续增大初速度, 最终物体的运动轨迹将接近地球表面外的这个圆周, 被抛掷的物体将会回到山上抛出它的原点……

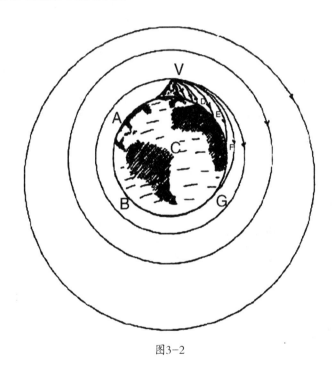

图3-2

地球卫星轨道是从山顶抛出物体一次比一次更远的极限情况(与牛顿《原理》一书中的原图有些许改动)

如果现在我们想象从更高的高度水平抛射物体, 高出

5、10、100、1000英里或者更多,甚至会高出几个地球半径高度,那么,具有不同速度的这些物体,由于在不同高度所受到的地心引力不同,产生的轨迹有可能是地球的同心圆,也有可能是不同的偏心轨道,并按照各自的偏心轨道持续绕轨运行,就像行星在它们的轨道中运行一样。"

这段文字体现了一个思想,就是使石头下落到地面以及使天体在轨道中运行的成因都是同一个力,也就是重力,据说牛顿观察到一个苹果从树上掉落而第一次萌生的这个想法。无论"一个苹果带来的灵感"是真是假,它引出了下面这段有趣的诗句:

艾萨克先生走着,并陷入沉思当中,

农场的邻居看见他,

正苦思冥想万有引力定律,

邻居劝他停下脚步,一起聊会天!

一阵风吹过,

牛顿朋友果园中,

苹果树上的白花徐徐飘落,

一直铺到小路的尽头。

邻居对牛顿说:"请您止步!

今天我想跟您聊两句。

整个镇子都在说关于您的事，

说您看到苹果落下了，

然后就让您有了名望。

请您告诉我，这是怎么回事吧！先生——我想听您说更多。"

"没什么不能说的，"牛顿回答；"当然，我来告诉您！

你知不知道，有同样的一个力——

这个力随着地球半径的平方减少着，

或者是r，从这到制高点的距离——

它控制着我们忠诚的月亮

也作用在了苹果上。迟早啊……"

"请不要再说了！"邻居说，"不要再说了！

这不是我想要知道的。

我唯一感兴趣的，

就只有那颗繁茂的苹果树，

以及它上面所结的一颗颗果实。

在这条安静的乡间小路上，在温和阳光的滋养下逐渐成熟，你觉得这苹果能卖多少钱一斤？"

由B·P·G·提供英文版，

一篇来自无名作者未发表的俄语诗

为了进一步建立重力与物体到地心距离之间的关系, 牛顿决定将地球表面上石头(或苹果)的自由落体与月球的绕地飞行进行对比, 根据上面的论述, 月球的在轨运动可以被看作永远不会落到地面的一次投掷。通过这个方法, 牛顿就能把月球所受的"天体力"与我们日常都能感受到的地面物体所受的"地表力"作比较了。

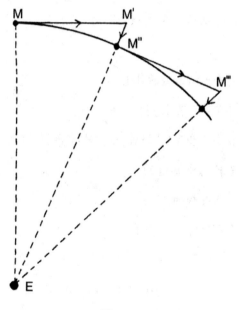

图3-3

　　将月球绕地球运行看作是一个持续下降的过程(图

3-2），牛顿就可以计算出月球所受的重力引起的加速度。上图示意了这个计算过程。

在此，用稍微现代化的语言来表述他的观点，如图3-3中所示。图中所示的是，月球M绕着地球E沿着（近似）圆形轨道运行。在M点位置上，月球具有的速度垂直于圆形轨道半径。如果在这个位置上不受外力，那么月球会沿着直线运动下去，单位时间之后运动到点M′的位置。然而，由于它真正会到达的位置是点M″，所以M′M″的连线可以被看作单位时间内月球向着地球方向"自由落体"移动的距离。根据毕达哥拉斯定理：

$M'M''=\sqrt{EM^2+(MM')^2}-EM$ （因为 $EM''=EM$ ），又因为 $MM'\ll EM$，所以上面的公式右边代数上近似等于：$\frac{(MM')^2}{2EM}$ 或者 $\frac{1}{2}(\frac{MM'}{EM})^2\times EM$ [1]，

其中 MM'/EM，$(MM'/EM)^2\times EM$。

其中，MM'/EM 很明显表示的是月球绕地飞行时的角速度，即1秒内月球在它的轨道角位置的变化。因为月球绕地球一圈正好是一个月，所以月球的角速度等于一个月经过的角度2π除以一个月时间，将时间换算为秒，角速度为 2.66×10^{-6} 弧度/秒。但是，对于加速运动的讨论中，我们已经知道第一秒移动的距离等于匀速直线运动某个物理量值的1/2，这个

1.译者注：上下同乘 $\sqrt{EM^2+(MM')^2}+EM$ 可得。

量被叫作"加速度"，于是我们可以推断，将月球保持在它轨道上运行的力产生的加速度为$(MM'/EM)^2 \times EM$。通过上述计算的月球角速度数值，并带入月球到地球的距离，它的值为：384,400千米或者3.844×10^{10}厘米，牛顿计算出了在月球的距离处，重力产生的加速度的值为0.27厘米/秒^2，它远比在地球表面上受到的重力加速度（981厘米/秒^2）要小得多。不过，这两个加速度数值与月球到地心的距离和下落苹果到地心的距离之间存在着一个非常简单的关系。确实，981与0.27的比值是3640，正好等于月球轨道半径与地球半径比值的平方。因此，牛顿得到了这样的结论：地球引力以到地心距离平方倒数的规律减小。

把这一发现推广到宇宙当中所有的物质体，牛顿给出了万有引力定律：所有物体间均存在一个相互吸引的力，这个力与它们的质量均成正比，而与它们之间距离的平方成反比。将这个定律应用于围绕太阳运转的行星运动中，他推导出了我们在前一章中所介绍的"开普勒三定律"。

18世纪和19世纪伟大的数学家们在牛顿研究基础上作了进一步的发展，从而诞生了天文学的一个重要分支——天体力学，这一学科使我们能够将万有引力相互作用下太阳系中行星的运动计算到很高的精度。其中，天体力学最大的一项成就发生于1846年，一个新行星——"海王星"——被人们发现了,法国天文学家U·J·J·勒韦里耶和英国天文学家J·C·亚当斯分别预测到它的存在以及运行轨道,观察到天王星的运动由于受到当时还是未知的某个行星万有引力作用而发生了扰动,于是在此基础上各自独立预测到了"海王星"的存在并对它的运行轨道进行了预测。1930年,又发生了一件类似的事情,也是通过理论计算的结果显示还存在一颗类"海王星"的天体,它之后被命名为"冥王星"。

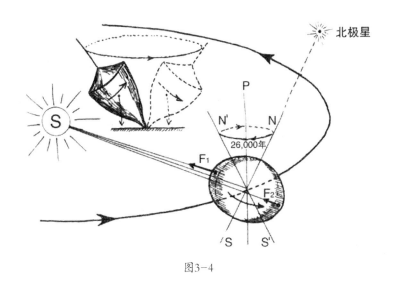

图3-4

牛顿对于地球自转轴的"岁差现象"做出解释,由于万有引力随着距离的增大而减小,图中赤道面向太阳凸起的那个点所受的万有引力F_1大于背离太阳赤道上凸起点所受的万有引力F_2。因此,两个力的合力在地球自转轴上产生"回复力"

的趋势，即，使地球自转轴垂直于地球绕日轨道的趋势。这种情况类似于旋转轴倾斜的旋转陀螺，它的重力即它的重量具有将它的转轴回复到竖直方向的趋势，并且就像旋转的陀螺只要它在旋转就不会像一边倒下，而是像在半空中中心转轴围绕某个竖直转轴形成一个圆锥表面一样，地球的转轴也不会真的在回复力作用下垂直于轨道平面，而是形成一个圆锥表面。

牛顿将万有引力定律应用到天体运动中，他首先对普鲁塔克时代就发现的"岁差现象"给出了第一个解释。他认为，由于地球的转轴与它所在的行星（椭圆）轨道平面有倾角，所以地球赤道上近日点与远日点所受太阳的万有引力，一定会引起地球自转轴绕某条垂直于椭圆轨道平面的直线缓慢地旋转，旋转周期约为26，000年（图3-4）。这个解释在当时同时代的天文学家中引起了强烈反对，因为当时的人们相信，在没有测量误差的情况下，我们地球的形状像扁南瓜形，在赤道附近更宽一些，而更像是一个西瓜，两极之间的距离要比赤道的直径大一些。

为了解决这一争论，法国数学家P·L·M·德·莫佩提组织了一次去丹麦的拉普兰长途探险旅行，目的是要测量北纬地区一度子午线的长度，路上他们很多次遭遇与狼群交涉的险情。他的测量结果证明牛顿的观点是正确的，于是伏尔泰

在给他的信中开玩笑地写道:

"你得去一趟那片无聊的土地才能确定的事实,牛顿在家就知道了。"

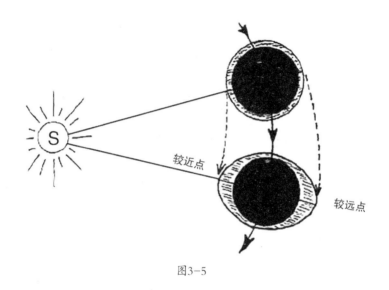

图3-5

牛顿对于海洋潮汐的解释:由于万有引力随着与太阳距离的增大而减小,地球在白天的这一侧海洋中的水受到的引力稍微大于地球固体所受到的万有引力。同样,地球处于黑夜的一侧海洋中的水受到的万有引力小于地球固体所受到的万有引力。由于这些力之间的差距导致了这样一个结果:白天水表面有比海底升得更高的趋势,而夜晚那边的海底相比于海表面却受到了"向下的拉力"。这两个效应共同形成了两端水体的凸起,随着地球围绕自转轴的旋转,围绕地球表面的水体每24小时在经过这两个位置时就会发生两次潮汐。

用相同的思路，牛顿又解释了海洋潮汐现象，地球面向太阳和背离太阳的两个半球受到来自太阳的万有引力是不相等的。（图3-5）。

牛顿《原理》第626页上有固体动力学和流体动力学所有分支的内容，但在这里我们再给出一个问题，因为这个问题比较简单也不失趣味性。这个问题是关于以一定初速度向某种耐阻介质（比如空气或水）射入一些投射物，之后来探究投射物的运动。这些物体在速度减小为0之前能移动多远的距离呢？

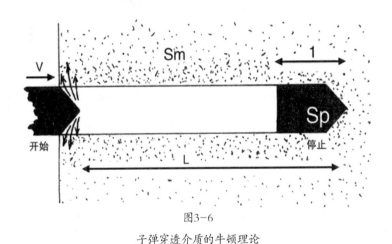

图3-6

子弹穿透介质的牛顿理论

这一情形可以用图3-6简要地表示出来，图中所示是从枪支射出的一枚子弹在空气或者水中运动，现实中也可能发生这样的事。比如,从枪射出的一枚子弹进入到空气中或者水中。子弹在介质中运动时,它一定会明显地把前方介质挤压到四周以钻出一条通道来让它前进。当速度很快时,介质阻力的影响相对较小,投射物主要的能量损耗是由于需要将高速传递给介质,让它们移动到一旁。从这个截面可以很容易地看出,两侧介质的速度几乎等于前进的子弹速度。因此,当移动到旁边介质的质量和子弹本身的质量达到同一个数量级,子弹会停下来。于是,我们可以推断:隧道长度与投射物长度的比值一定和投射物材料的密度与介质密度的比值相同,即:

$$\frac{L}{\iota} = \frac{P_p}{P_m}$$

当然,这个等式只是近似成立。但是尽管如此,我们仍然可以由此得到一些有趣推论。如果我们射一颗钢制的弹药(密度大约是水密度的10倍)投射到空气中(密度大约是水密度的1/1000),那么射程预计是弹药长度的10,000倍(如果它在停止运动前没有掉落地面),而一枚大型海军火炮弹药大约是5英尺或者更长,所以它的射程应该在50,000英尺或者超过10英里。而另一方面,一个1/2英寸长的子弹从一个女士左轮手枪射出很难达到400英尺以上的射程。在水中,水的密度只比钢的密度小10倍左右,一颗子弹移动自身长度

10倍左右之后，它就会损失掉大部分能量，这就是为什么浮潜者使用长的金属箭猎取他们水下的猎物。有趣的是，穿透的距离与投射物初始速度无关（假设初始速度足够高）。这个现象使美国军方的专家都很困惑，他们让爆炸性的导弹从不同高度穿入地面，并认为高度越高，那么穿透地表应该会越深。但是穿透深度似乎与导弹从什么高度坠落无关（因此，从不同高度坠落的导弹会获得不同的初速度），这让专家们一直摸不着头脑，直到有人向他们指出了牛顿《原理》这本书的这一段文字，他们才恍然大悟。

流体静力学和动力学

　　法国数学家布莱兹·帕斯卡在流体运动和平衡的问题上，基于牛顿研究的基础上做了补充和拓展。牛顿出生那年，帕斯卡才19岁，而牛顿去世那年，另一位瑞士物理学家丹尼尔·伯努利正值27岁。"帕斯卡定律"与"阿基米德定律"一起构成了流体静力学的基础，"帕斯卡定律"指出：被压缩放置于封闭容器中的流体（液体或者气体）对容器各个部分单位面积施加的压力是相等的。"帕斯卡原理"在各种体设备上有着重要应用。事实上，如果我们有两个直径不同的圆柱形桶A和B（图3-7），它们中间用一根细管连接，并且顶部都用活塞塞住，那么直径较大（较宽）的活塞表面受到的合力将大于直

径较小 (较窄) 的活塞表面所受到的合力,并且这个力与圆柱桶的横截面积成正比。因此,在窄的圆柱桶活塞上用手施加一个较小的力,另一端宽的圆柱桶活塞上就会产生一个很大的力,这个力大到能够把沉重的马车抬起来。不过,这种效果的代价是:宽筒活塞的位移相应的将会比窄筒活塞的位移小很多。

图3-7

根据"帕斯卡原理",手所施加的力可以抬起一辆沉重的马车。

"伯努利定理"或者通常所说的"伯努利原理",这个定

141

理的内容是：流过不同直径管道的流体运动规律，而且结论第一眼看起来有悖于我们的常识。想象一根水平变直径管，前端管道直径较宽，从某个位置开始管道变细，之后直径又变宽（图3-8a）。水从水平主管道中流过，主管道上的各个位置附加连通了几根竖直管道，主管道中不同截面位置的水压可以通过竖直管道中水柱的高度测量出来。通常我们的第一感觉是主管道中狭窄的那部分水压会更高，因为水被迫被"挤入"了那段细管。然而实验结果直观地显示出，情况与我们想象的恰好相反，细管部分的水压小于宽管部分水压。我们试图通过考虑水平主管道不同截面处的流速变化来解释这个现象。在宽管部分，水流速相对较慢，并且当水流到细管时流速会加快。为了使水流速度增加，一定有一个"力"作用在速度增量的方向上，而在此我们能想到的唯一一个力是宽管和细管之间的压强差。由于水进入细管后流速增加，所以这个力的方向一定与水流方向相同，从而宽管处的水压一定会比细管处的水压高。

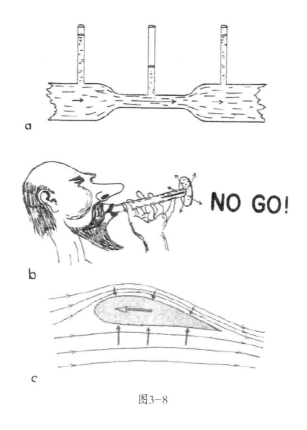

图3-8

"伯努利定理"：（a）一个简单的演示，（b）一根魔术管，（c）机翼产生升力的原理。

　　我们不需要水管工就能证明这一结论，只需要准备一根玻璃管（一个香烟的过滤嘴可能也可以）、一片硬卡纸以及一颗钉子（图3-8b）。将钉子穿过硬卡纸中心，然后将钉子穿进管子里，如图所示，由于硬卡纸有重量赘着钉子，钉子尖端就卡在玻璃管的内部上沿。现在如果我们从管子另一端吹气，料想的结果是,硬卡纸将会被轻而易举地吹飞。试着吹一下,你会发现这个推测的结果根本不对,我们吹气用的力气越大,这张硬卡纸会越紧地贴在管的端部。基于"伯努利原理"可以对此进行解释。吹进管中的空气只能从卡纸和管边缘中间细小的环形缝隙中逃出去,而这个出口通道要比管的直径小得多,所以这里的气压比大气压小得多。于是,外面的气压就把硬卡纸紧紧地压在了管的末端。

伯努利效应同样解释了正在飞行飞机机翼上所受的升力。如图3-8c所示,机翼的外形是这样的,当空气从机翼顶部而不是下方流动时,从前缘到后缘的距离较长。所以从上方流过的气团就会比下方流过的气团具有更高的速度。根据"伯努利原理",机翼上方的气压也就比下方的气压低,从而机翼上下表面的压强差产生了飞机向上的升力。

光 学

不过,我们只能将牛顿力学的讨论暂停于此,从而节省一些篇幅来讨论牛顿的光学。牛顿主要的贡献在于对色彩的诸多研究以及对白光实际上是从红到紫不同颜色光混合而成的基本证明。在光学领域,牛顿的主要贡献在于:对于颜色的研究以及证明了白光实际上是由从红到紫各种不同颜色的光混合而成的。牛顿在光学领域的研究实际上超出了他在

《原理》一书中描述的在力学领域的基本工作。牛顿23岁时，他买了一个玻璃三棱镜"用它来试一试颜色现象"，也许牛顿在这个领域所有的基本发现都要回溯到他人生的这个时期。然而，在1692年2月的某一天，当他去教堂时，他的房间里留下一盏灯忘记熄灭了，从而引发了一场火灾。这场意外的火灾毁掉了他的论文，这其中包含了光学大部分的工作成果，这里面有他这20年来所做的光学实验以及相关研究。因此，牛顿《光学》的第一版在1704年才得以问世，我们只能猜测这些成果这么晚发表是否就是因为那场火灾，而不是牛顿面对他的死对头罗伯特·胡克[1]的反对，不愿发表他的观点。因为胡克刚去世一年，牛顿就给出版社寄去了他的《光学》书稿（或者寄出的是一篇名为《光的反射、折射、变化以及颜色》的论文）。在这本书的前面部分，牛顿描述了一个简单的实验装置，证明了组成白光的各种不同颜色的光具有不同的折射率。

1.英国博物学家、发明家，在物理学方面他提出了描述材料弹性的基本定律——胡克定律。——译者注

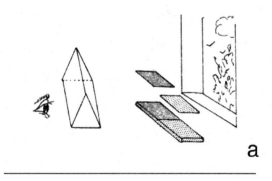

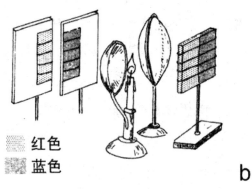

🔲 红色
🔲 蓝色

图3-9
牛顿光的折射的实验装置

　　为了证明这一结论，牛顿取了一块长长的硬纸板，一半刷上鲜红色，一半刷上蓝色，把它放在窗边，然后通过一块玻璃三棱镜来观察它（图3-9a）。用牛顿自己的话说，"如果三棱镜的折射角是向上弯折的，那么卡纸被折射后看起来应该比本身的位置要高，且通过折射它的蓝色半边将会比红色半边抬升得更高些。反之，如果实验所用三棱镜的折射角是向下弯折的, 那么卡纸折射后看起来应该是被放到了低一些的位置上, 蓝色半边的位置应该要比红色半边的位置更低一些。"在这个实验基础上, 他认为蓝光的折射程度比红光的折射程度要大, 并且推测通过凸透镜后的蓝光和红光聚集的焦点位置是不同的。为了证明这个推测, 他又做了一个实验, 取一张白纸, 一半涂上红色, 另一半涂上蓝色, 点亮一支蜡烛作为光源("因为这个实验应该晚上做"), 使光通过凸透镜, 试图在一张纸上得到清晰的像(图3-9b)。为了判断成像的清晰度, 他事先在涂色纸上画一些延伸到两端的黑线。在他的意料之中, 涂色纸的左右两边是没办法同时对焦的。我试了很多次, 付出了很多努力也不能找到红蓝两边都能清晰成像的位置, 但是我发现红色半边纸成像清晰的位置, 蓝色半边纸的像却是模糊的, 蓝色半边上面的黑线几乎看不出来。相反地, 蓝色半边纸成像清晰的位置, 而红色半边纸的像却是模糊的, 红色半边上面的黑线几乎看不出来。"也正如他所预测的, 蓝色半边纸成像清晰的位置比红色半边纸成像清晰的位置靠凸透镜更近一些。

接下来的实验就是观察日光通过棱镜之后会发生什么。牛顿在窗挡上开了一个小孔, 从小孔中射进一束狭窄的日光, 他把三棱镜放在这束阳光经过的地方, 让阳光穿过棱镜后投射到棱镜后面不远处的一个白色屏幕上。如果没有这个三棱镜，屏幕上阳光的像应该是一个圆形光斑（针孔照相机），不过，现在他观察到的是一条细长的影像，这条影像的顶端有些许发蓝，而它的底部略带红色。这个结果让他产生了一个想法：白色的日光也许是由不同颜色光线组成的（从折射角最大的蓝光到折射角最小的红光）。如果真是这样，那么屏幕上的细长影像就是日光中不同颜色光的许多像叠加而成，而只有在两个端点处才是纯蓝色的像和纯红色的像。为了将屏幕上相互叠加日光的像分离开，他给光束加了个透镜，使窗挡上小洞的像聚焦在屏幕上（图3-10），调整好位置后，再用棱镜折射日光，这次的结果很令人满意，他观察到一条竖直绝妙的彩色光带：红、橙、黄、绿、蓝、紫以及它们之间所有的过渡色，这就是第一个"分光镜"，也是对"白光是由具有不同折射率的不同颜色的光组成"这个事实的第一个实验证明。

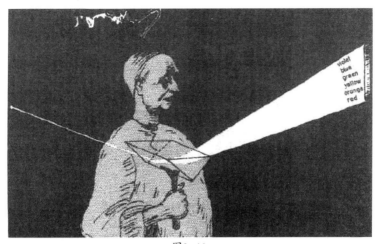

图3-10

艾萨克牛顿演示将白色日光分解成许多光谱颜色的实验

对于现代读者来说，牛顿用三棱镜做的实验也许看起来非常幼稚。确实，因为今天任何一个孩子都能轻而易举地做这些实验。但是在牛顿那个年代就不一样了，那时候人们普遍相信白色日光通过古老天主教堂的彩色琉璃窗之后绚丽多彩，就像把一块白布浸在不同颜色的染缸里染色的道理一样。我们现在知道人类眼睛的视网膜有三种光感神经细胞，分别感知红光、绿光和蓝光。当所有光谱色就像在太阳光中以相同比例出现在一起，然后被进化了数以亿计的人类视觉器官看到，人们就会感受到"自然"光或者我们通常所说的"白"光。当只有光谱中的一部分颜色呈现出来，人们就会感受到不同的颜色。

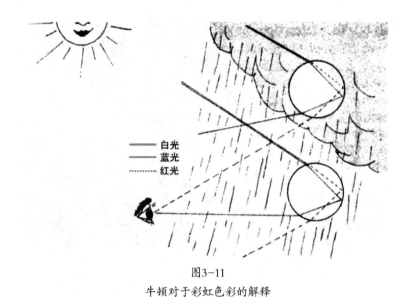

图3-11

牛顿对于彩虹色彩的解释

"不同颜色的光具有不同的折射率",这个发现有一个重要的应用,就是牛顿的彩虹理论。当天空中一半是阳光,另一半是厚重的积雨云时,这些美丽的颜色就会在天空显现出来。根据牛顿的解释,我们在这种情况下看见的美丽颜色,其实是被云朵中或者云朵下面存在的细小雨滴反射的太阳光。图3-11是对牛顿《光学》这本书中原图的改编,它告诉了我们出现彩虹时到底发生了什么。从太阳发出的白光光线(图中用黑线表示)[1]落在了水滴上,并且在穿透进入这些水滴时发生折射。在水滴内部紧接着发生了一次反射,又经过

1.用黑线表示白色的光线是因为白纸上白线看不出来。此外,接下来我们会在书中看到,物理学家们通常将白光称为"黑体辐射",因为从白热黑体(比如碳中)辐射出来的白光是最多的。——作者注

第二次折射光线从水滴射出进入到空气中。这样的结果是，各种颜色的光在水滴的出口处成扇形散开，站在地面上背向太阳的观察者眼中就会在天空不同位置看到不同颜色。下面的猜想可以解释几个同心彩虹的存在，就是在雨滴内，来自太阳的光线经过雨滴时并不是只被反射了一次，而是被反射了几次。这里，我们还应当提到所谓的"光晕"现象，它们是一些没有颜色的拱形，有时在太阳周围能够观察到，尤其在月球周围更容易观察到。与彩虹不同的是，它们是由于光线在组成高海拔云层的微小冰晶上发生反射（而不是折射）形成的，这些高海拔云层在气象学中被叫做"卷云"。

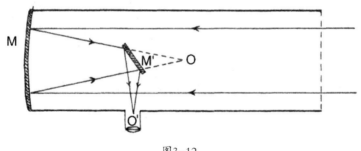

图3-12
牛顿的反射望镜

实验结果显示不同颜色的光具有不同的折射能力，在此之后，牛顿错误地得出结论，透镜在形成物体的清晰图像方面有其固有的缺陷，因为不同颜色的光线不能在距离物体相同的距离上聚合在同一个焦点上。这个想法使他认为使用光学透镜的望远镜装置不再完美了，因为每种颜色的光的反射规律都是相同的。因此，应该采用不依赖于颜色的反射光线的望远镜取代了光学透镜的望远镜。于是，1672年，牛顿设计了一款"反射望远镜"（或者简称为"反射镜"），如图3-12所示。它包括一个抛物面反射镜M，它会将天体在管中某个位置的成像显示出来，并标记为O点。在光线聚焦在O点之前，他们被处于管中心轴线上的一面小镜子M′所反射，最终在管外的O′点成像，能够使我们观测得到。牛顿在这个例子中的错误是由于他认为："不同的透明介质在折射不同颜色光线的方式是相似的。"然而在他死后，人们才发现他的这个假设是错误的。并且，实际上，通过使用不同种类的玻璃（冕牌玻璃、火石玻璃等等）制成的复合透镜，有可能将红光和蓝光聚焦在同一点上。然而，用抛物面反射镜替代透镜制作的"反射望远镜"有着许多其他的实用优点。并且，事实上，现在最权威的两台天文望远镜（由威尔逊山天文台制造的100英寸望远镜和由帕洛玛天文台制造的200英寸望远镜）就是"反射望远镜"。

牛顿做出的另一个精彩发现被称为"牛顿环"，当一个凸透镜被放置于平面玻璃上时，它就会在接触点周围出现。牛顿将这部分的研究成果表述如下：

"一些人已经注意到,透明的介质,比如玻璃、水、空气等等,当被像吹气泡一样制成非常薄的形态或者制成扁平形状时,不同厚度的地方会呈现出各种不同的颜色,达到一定厚度时才会变得非常清晰而且是无色透明的。(出现在本书的前面章节)我先暂且不考虑这些颜色的问题,因为这个问题看起来是个需要仔细考虑的难题,并且与光的各种性质无关,所以没必要纠结于此。但是这个问题可能会引出光学理论进一步的新发现,尤其是关于这些物体的固有属性,它们具有颜色或者还是透明的都取决于它的固有属性。,在此我需要为他们另起一个话题……

我取了两个玻璃制品,其中之一是14英尺望远镜的平凸镜,另一块是50英尺望远镜上的较大的双凸透镜。然后,将有平面的那个透镜平面朝下放到大透镜上,然后缓慢地施力按压,此时中心的圆圈中会先后连续地出现颜色。这时,再缓慢地将上面的透镜脱离下面的透镜,会观察到出现颜色的同一位置的这些颜色也在缓慢地消失。随着将玻璃按压到一起,最后一个颜色会在所有已经出现的颜色环的中心出现,第一眼看上去,从外到里这些环的宽度都差不多,继续按压玻璃,中心颜色的半径越来越大直到又产生了一个新的颜色,于是这个新颜色就被刚才那个颜色环所围绕。如果再继续按压玻璃,第一个新颜色的环又会往外扩,它的宽度逐渐减小,然后第三个新颜色出现在第二个新颜色的中央，如此这般，第三个颜色，第四个颜色，第五个颜色等等这些新颜色从出现新颜色的中心位置接连出现，形成了一个个环包围着最中间的那个颜色，按压到最后中间就会出现黑斑。相反地，缓慢地将按压在上面的透镜从下面的透镜上面脱离，这些环的直径就会较少，这些环就会向内聚拢，而每条环的宽度就会增加，直到它们的颜色先后连续到达中心位置，然后它们变得相当宽，这样与之前相比，我就更容易地识别和分离出它们的类别。利用这种方法，我观察到了它们的顺序和数量，记录在下面。

从两个透镜接触形成的透明的中心处旁边，依次会出现蓝色、白色、黄色和红色。蓝色的量很微小，以至于我既不能分别出透镜产生的蓝色圆环，也不能说清楚里面是不是出现了紫色。而黄色和红色则非常大量，它们和白色的范围看起来差不多，而且是蓝色范围的四到五倍。接下来颜色产生的顺序是紫色、蓝色、绿色、黄色和红色。除了绿色，剩下这几个出现的颜色都很清晰，范围也很大，这少量的绿色和其他颜色比起来看着就显得很苍白，颜色变得很淡了。在其他四种颜色中，紫色的量最少，再其次是蓝色，蓝色要小于黄色或者红色。第三组颜色出现的顺序依次是紫色、蓝色、绿色、黄色、红色，这个紫色比第二组出现的紫色显得更鲜艳，这组的绿色更清晰活跃，变成了除黄色以外最显眼的那个颜色，不过这组的红色开始变

浅，开始倾向于朝着紫色变化。然后，是第四组的绿色和红色
圈。绿色非常鲜明生动，宽度也很大，一个边缘向蓝色趋势渐
变，另外一个边缘向黄色趋势渐变，但是第四组色彩环中没有
出现紫色、蓝色或者黄色，并且红色也不是正红，而是看起来
是暗淡的。接下来顺序出现的颜色变得越来越不清晰，越来越
暗淡，大约三到四个周期之后中心则完全变成了白色。"

【位于上面透镜的平面上出现的是由于单色光波长不同产
生的"牛顿环"。】

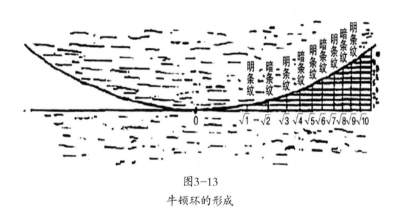

图3-13
牛顿环的形成

通过测量首先出现的六个颜色环的半径（在这六个颜
色中最明亮清晰的部分。），牛顿发现这些半径的平方正好
是一组奇数数列：1，3，5，7，9，11。另外，中间所夹黑色圆环
的半径平方恰好是偶数数列：2，4，6，8，10，12。这个结果如
图3-13所示，这张图显示的是凸面镜与平面玻璃接触点附近

的横截面。横轴标注的是到正整数的平方根的距离：$\sqrt{1}=1$；$\sqrt{2}=1.41$；$\sqrt{3}=1.73$；$\sqrt{4}=2$；$\sqrt{5}=2.24$等等，这些是牛顿所观察到光的极大值和极小值交替出现的位置。从这张图中，我们可以看到，也可以从数学上得到证明，两个玻璃表面中间的垂直距离也是遵循一个简单的算术级数增加的：1，2，3，4，5，6等等。已知横轴上某个半径位置出现了明条纹或是暗条纹，牛顿就可以很轻松地计算出中间的空气层厚度。他写道：

"……一英寸的（$\frac{1}{89000}$）是垂直光线下产生的第一个暗圆环最暗处的空气薄膜厚度，这个数值的一半乘以这个数列：1，3，5，7，9，11等等，得到的是所有明圆环最亮处所对应的空气薄膜厚度，即$\frac{1}{178000}$，$\frac{3}{178000}$，$\frac{5}{178000}$，$\frac{7}{178000}$……，而它们的算术均值：$\frac{2}{178000}$，$\frac{4}{178000}$，$\frac{6}{178000}$等等是所有暗圆环最暗处对应的空气薄膜厚度。"

在前文所引用的牛顿的论断相反的是，他判断薄膜实验出现彩色条纹的现象"对于确定光的各种性质。"。恰恰相反，"牛顿环"是光的波动性的最强有力的证据之一，而这个事实是牛顿直到去世都不愿承认的。这些环形条纹是被间隔不同距离的两个玻璃表面反射后得到的两束光，彼此间产生了所谓的"干涉"的结果。当一条很细的光线从上方落在上层镜片的玻璃面上与两个镜片所夹的空气之间的交界面时，一部分光线发生了反射，而另一部分光线则进入到了空气中。当光线进入到下层镜片的玻璃面时，发生了第二次反射，而且两条反射光线同时进入到观察者的眼睛。在这个情况下所发生的事情，如图3-14中所示。为了画图的方便，光波的波峰和波谷分别用黑色阴影段和白色空白段表示。并且为了避免重叠在一起，图中的光线不是完全垂直于交界面，这样其实还挺符合实际观察的情况，因为观察者的脑袋不会和光源在一条直线上并挡着光源。在图3-14a中，我们看到的是空气薄膜的厚度等于入射光半波长时会产生的结果（在这张图中，一个波长对应于一段白色空白部分加上一段黑色阴影部分的长度和[1]）。

　　在这种情况下，从底部镜片的表面反射的光线与从上层镜片的表面反射的光线以波峰与波谷叠加、波谷与波峰叠加的方式融合成一束光。如果两束光的强度是相同的，那么它们彼此间将完全抵消。如果光强不同，那么亮度也将会大大减小。图3-14b中，我们看到的是空气薄膜的厚度等于四分之三波长（3/4λ）[2]的情况。现在两条反射光线以波峰与波峰

1.图中的标注不是薄膜厚度，是经过薄膜之后两条光线间的光程差。并且原文中对于图13-14的a、b两张图的解释有误，图a应为波峰与波峰叠加、波谷与波谷叠加的明条纹，而图b为波峰与波谷叠加的暗条纹。——作者注
2.原文是半波长（2/4λ），这里有误，应为四分之三波长（3/4λ）。——作者注

叠加、波谷与波谷叠加的方式传播，我们就会得到增加的光强。图3-14a中空气层的厚度是3/4光波长度，情况与图3-14a中所示相似。对于更厚的空气薄膜，每增加一个1/4波长的厚度，明暗就会发生一次改变，我们就会得到交替出现的明条纹和暗条纹。在"牛顿环"的装置中中，空气薄膜的厚度从接触点向外连续增加，所以我们会观察到明暗相间的环形条纹。由于不同颜色的光对应着不同的波长，所以不同颜色圆环的半径彼此就会稍微有些不同，我们才会看到牛顿所观察到的彩虹般的环形条纹。通过上述牛顿给出的空气薄膜厚度的数据，我们发现产生那些条纹半径的光的波长为 $\frac{4}{178000}$ 英寸，即 0.58×10^4 厘米。正如我们现在所知道的，这个波长恰好就是黄光的波长，也就是可见光谱中最明亮的部分。

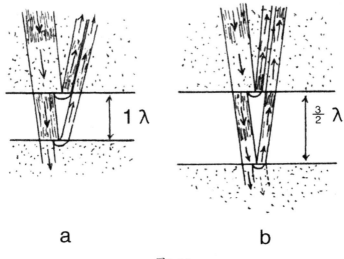

图3-14
对于"牛顿环"现象的杨氏解释

　　不过牛顿坚决反对光的波动性理论, 主要是因为他不明白这个理论怎么可能解释光线的直线传播。他坚持认为光是一束在空间中高速穿梭的粒子。因此, 为了解释这些干涉环的出现, 他发明了一个复杂的"轻易反射和透射的适宜长度"的理论, 他的记录显示在下面:

　　"……每一束光线沿着它所在的路径穿透任意一种折射表面时都会处于某种瞬变构造或瞬变状态, 在这个过程中, 光线在相等的间隔位置返回, 使光在每个返回状态都可以轻易地穿透进入到下一个折射表面, 并且在这两个返回间, 光线也很容易被折射表面反射。"

牛顿所说的"拟合长度"很明显对应着我们现在所说的
（黄光的）波长，并且他总结道：对于红光这个"拟合长度"
比较长，对于蓝光"拟合长度"则较短。虽然如此，他还是这
样写道：

"……这是一种什么行为或性质，无论它存在于光线的圆
周运动还是振动，亦或是介质还是其他什么产生的运动，我在
此就不深究了。"

在光的本质这个问题上，对牛顿提出反对意见的人是
荷兰物理学家克里斯蒂安·惠更斯[1]，他比牛顿大13岁，并且
惠更斯的理论后来获得了胜利。惠更斯更愿意认为光是以波
的形式在某种充斥着整个空间的宇宙单一介质中传播的，而
不是以一束高速运动的粒子的形式，，他于1690年发表的《光
论》一书中有一段文字很好地阐述了他的理由：

在光的本质这个问题上，对牛顿提出反对意见的人是荷
兰的物理学家克里斯蒂安·惠更斯[2]，他比牛顿大13岁，并且

1.克里斯蒂安·惠更斯（1629-1695），荷兰物理学家，天文学家，数学家。——作
者注
2.译者注：克里斯蒂安·惠更斯（1629-1695），荷兰物理学家，天文学家，数学

后来惠更斯的理论获得了胜利。惠更斯更喜欢把光看作是借助于某种充满整个空间的普通单一介质的形式传播的波，而并不是一束束快速移动的粒子。1690年，他发表的《光论》这本书中有一段文字很好地阐述了他的理由：

"关于光的直线传播"

正如其他科学学科借助几何学来研究问题一样，光学的证明过程也是基于经验推导出一些事实的过程；比如，"光线是沿直线传播"，"反射角等于入射角"，"折射角和入射角之间遵循着正弦的关系"，这些理论事实我们现在都很清楚，对它们的确信程度与对其他事实的确信度不相上下。

写过光学论文不同课题的大多数作者，在用到上面这些事实的时候都不需要做过多的解释。一部分更刨根问底的人努力去追寻它们的起源和成因，因为他们将这些事实当作大自然固有而奇妙的现象。但是，由于提出的观点虽然很巧妙，但并不是有了一个更令人满意的性质，更聪明的人就不需要进一步的解释了。所以在此，我希望尽我所能地给出我对这个问题的思考，以便尽我所能，我也许能给这个毫无疑问被认为是最难问题之一的这部分科学提供一个答案。我承认，我受到了那些首先开始拨开环绕着这些本质的奇怪阴霾的人们以及那些燃起

家。——作者注

希望认为这些问题可以被合理解释的人们太多的恩惠。但是另一方面，通常情况下，他们所认为的十分确定或者已经得到证实的状态，结论却并不缜密，对此我一点儿也不感到意外。在我的认知里，甚至对于第一个光学现象和最重要的光学现象都还未曾有一个人能给出一个令人满意的解释，那就是，为什么光是沿着精准的直线进行传播以及为什么从无数个不同方向而来的光线彼此相交相互之间却没有产生阻碍。

因此在本书中，我试图根据现代哲学的原则对光的性质给出一个更清晰且更合理的解释：第一个属性关于光的直线传播；第二个属性是当光线遇到物体干扰时光的反射。接下来，我会解释那些光线在不同种类透明介质中传播时发生的现象，这些现象被称为"折射"。在此，我还将要讨论不同大气密度下在空气中产生的折射效果。

我还会继续探究一块来自于冰岛上的特殊水晶上发生的奇怪的光学折射现象。最后，我会讨论几种不同形式的透明反光物体，通过它们，光线要么被汇聚到一点，要么被散射到极其不同的方向。在这个过程中，我们将可以看到，用简化新理论的方式不仅会让我们发现笛卡尔巧妙地为这一效应所提出的椭圆、双曲线和其他曲线，还会发现构成玻璃表面的那些图形，比如我们所知道的球面、平面或者其他任意形状。

目前我们知道，根据这一哲学理论，它确信视感只会被一种作用在人眼后面的神经上的物质某种特定运动的效果所刺激，所以这让我们更有理由相信光是由我们和发光物体之间物质的运动所组成的更深一层的原因。更进一步来说，如果我们注意到并权衡光在各个方向上传播时以及光从不同方向甚至反方向聚集时都是以极高的速度，而光线相互穿透并不会受到彼此间的阻碍，那么我们就能很好地理解，每当我们看到一个发光物体时，并不是由于从发光物体到我们的物质的传播，就像一个投掷物或是一支箭在空中飞行那样，因为这显然会与光的两个性质产生很大的矛盾，尤其是这样传播，光相互之间一定会发生阻碍。因此，光一定是以另一种方式传播的，恰好我们具备的声音在空气中传播的知识能帮助我们理解这种方式。

我们知道，借助于空气这种看不见摸不着的物质，声音在围绕着声源的整个空间中传播时通过从一个空气粒子到另一个空气粒子逐渐前进的运动实现的，由于这种运动对于各个方向的传播速度都是相等的，所以一定会形成球表面传递得越来越远，最终到达我们的耳朵。现在，毋庸置疑的是，光也是从发光物体通过介质被赋予的某种运动到达我们的眼睛，因为我们已经知道，通过将物体转移的方式已经是不太可能的了，这样只是有可能从那里到达我们这里。接下来我们很快就会思考，现在如果光这段路径的传播需要时间，那么这种介质被赋予的运动一定是一个逐渐的过程，就像声音一样，它一定会以球表面的形式或是波的形式传播，我将它们称为"波"，因为它们与我们见到的石头投进湖面产生的水波纹很相似，而且它们让我们观察到了形如一个个圆圈逐渐扩散的现象，不同的是，只是它们产生的原因与水波不同，而且水波只在一个平面上形成……"

　　无论在水面上或是空气中，还是借助光波的携带者神秘的"以太"介质，惠更斯从波的传播角度来考虑这个问题，将他的观点建立在一个简单的理论上，这个理论现在以他的名字来命名。考虑用一个最熟悉也是最显然的情形：假设我们向池塘平静的水面里扔进了一块石头。我们会看见一个圆形的水波纹，或者更可能会看见一系列的水波纹，从石头打破水面的那个点向外扩展传播。给定某一特定时刻水波纹的位置，我们该如何计算经过短暂的时间之后的下一时刻位置呢？根据惠更斯原理，"正在传播的波前上每一个点都可以被当作一个新波源或是一个子波[1]，而波前新的位置是它在上一个位置时其上所有点放射出的这些小型子波共同的包络面。"图3-15所示的是圆形波和平面波这两种最简单的情况。

1.子波的波速与频率等于初级波的波速和频率。——作者注

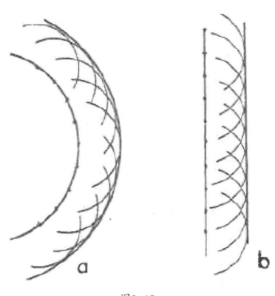

图3-15
惠更斯提出的光的传播理论

　　惠更斯原理最精彩的应用在于他对光的折射现象的解释，如图3-16所示。假设一组平面波波前从左上方波动到空气和玻璃（或者其他任意两种介质）的交界面上。如果这个波前在aa'的位置上且与交界面的接触点为a，那么一个球形子波开始从这一点出发向玻璃中传播。随着波前在空气中前进，其他子波从b点、c点等等连续发出。图3-16对应的是前进的波前到达了dd'的位置，刚开始从d点向玻璃介质发射子波的时刻。为了得到玻璃中波前的位置，我们必须画出所有子波的包络线，对于这一情况将会是一条直线。正如在这张图

165

中所假设的, 如果玻璃中的光速小于光在空气中的传播速度 (即, 如果玻璃中的圆形子波半径小于空气中连续位置之间的距离), 那么玻璃中的波前将会向下倾斜, 折射光线将比入射光线更接近于竖直位置; 这就是光从空气进入玻璃时所发生的真实情况。如果光在玻璃中的传播速度比在空气中的传播速度快, 就会出现相反的情形。为了找到入射角i与折射角r[1]之间的关系, 我们考虑这两个共用了一条斜边的直角三角形: 直角三角形bde与直角三角形bdf。

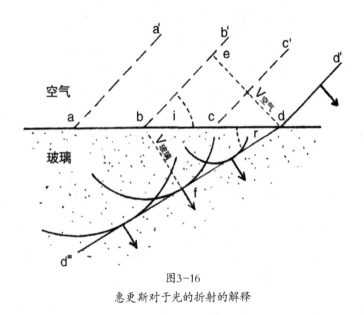

图3-16
惠更斯对于光的折射的解释

1.这两个角的定义均为: 光线与垂直于交界面的方向之间的夹角, 或者也可以定义为: 光波到达的位置与交界面的夹角。——作者注

根据正弦的定义：

$$sin\ i = \frac{ed}{bd}\ ;\ \ sin\ r = \frac{bf}{bd}$$

将第二个等式带入到第一个等式中，我们得到：

$$\frac{\sin i}{\sin r} = \frac{ed}{bf} = \frac{v_{空气}}{v_{玻璃}}$$

在这个公式中，$v_{空气}$和$v_{玻璃}$是光在这两种介质中的传播速度。这就是"斯涅尔折射定律"的内容。它修正后的表述为：两个正弦的比值，即"折射率"，等于两种介质中光速的比值。由此得出推论，光在密度大的介质（比如玻璃）中的传播速度小于密度小的介质（比如空气）中的传播速度。

有趣的是，我们会注意到牛顿的光粒子性的理论会让我们得出一个完全相反的结论。事实上，用粒子理论解释光从空气中进入水中发生的偏转，需要假设有一个垂直于交界面的力在光粒子跨越交界面时把它们拉了进去。当然，这样的话，玻璃中的光速就会比空气中的光速要大了。

光的波动理论的胜利

尽管惠更斯光的波动性理论比牛顿光的粒子性理论有着明显的优势，但是，在很长一段时间内它并没有被普遍接受。其中一部分是因为牛顿在他同时代的人中有着很大的权威, 也有一部分原因是惠更斯不能用足够的数学精度将他的观点表述出来, 使它们在对抗任何反面观点的质疑时都无懈可击。因此, 关于光的本质的问题一个世纪都悬而未决, 直到1800年出现了一篇论文, 这篇1论文是英国的物理学家托马斯·杨[1]写的, 论文名为《声和光的实验和探索纲要》。在这篇论文中, 杨氏在光的波动理论的基础上对"牛顿环"现象给出了解释, 又基于波动性理论描述了他自己的两条光线的干涉实验, 这个实验可以将两束光的干涉用更基本的方式表示出来。在这个实验中(如图3-17), 他在一个屏相近的位置上打了两个孔, 并用这个屏遮挡住窗户制造了一个暗室。当孔相对于光线来说较大时, 阳光从两个孔穿过会在屏上形成相隔些距离的两块光斑。但是当孔非常小时, 从孔中穿过的两束光线会按照惠更斯原理进行传播, 屏上的两块光斑会展开, 部分与另一块光斑产生重叠。在显示屏能接收到来自两个孔透过光线的区域相互叠加, 杨氏观察到一系列清晰的彩虹带, 其间有黑色条纹将彩虹间隔开, 与"牛顿环"的现象很相似。当屏幕上的两个洞相距1毫米时, 且成像屏在1米开外的位置时, 条纹的带宽大约是0.6毫米。就像"牛顿环"的情况中一样, 对于这个现象的解释也可以基于光波的干涉来解释。屏

1.托马斯·杨(1773-1829年), 英国医生、物理学家, 他涉猎广泛, 后人将"纵向弹性模量"称为"杨式模量", 来纪念他在弹性力学领域所作出的贡献, "杨氏双缝干涉实验"为光的波动说提供了基础——作者注

上a点正好是所成像的中间位置，距离两个孔的位置点O和点O′相等，且两束光到达这里时是"同项"的，即波峰和波峰叠加，波谷与波谷叠加。这两束波的运动叠加在一起，使我们得到一条明条纹。同样地，对于c点，从c点到O点和从c点到O′点的距离相差一个光波长度，这样也将得到一条明条纹。但是对于点b和点d，bO–bO′（b点到O点的距离与b点到O′点的距离）和dO–dO′（d点到O点的距离与d点到O′点的距离）分别相差1/2波长以及3/2波长，入射光波是"异相的"，即波峰和波谷叠加，于是我们在这两个位置观察到了暗条纹。

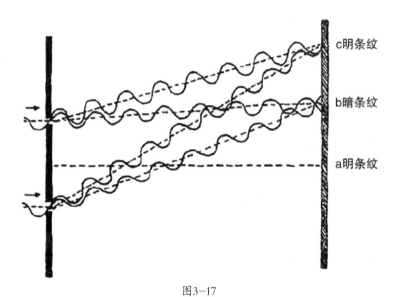

图3-17
杨氏干涉实验

托马斯·杨以及奥古斯丁·简·菲涅尔, 一位与他同时代的伟大的法国人, 他们两个人的研究成果确立了光的波动性理论的正确性。于是惠更斯去世之后, 终于在与牛顿毕生争论的辩题上取得了胜利。

一块来自冰岛的水晶

另一个没有被牛顿和惠更斯解答, 但已经被解决的问题是"光的偏振"现象。这个现象于1669年被丹麦的哲学家伊拉斯谟·巴托兰发现, 他注意到名叫"冰洲石"("方解石"的一种)的一块透明矿石的晶体部分有一种特性能把通过它的光线分成两束特定方向的光线(见插图I的下图)。如果晶体以入射光的方向为转轴旋转, 则会出现两条分解的光线, 一条光线会保持不动, 成为"寻常光", 而另一束光线会随着晶体的转动而偏转, 称为"非常光"。惠更斯通过假设光线进入"冰洲石"的晶体部分(或者其他晶体)被分成两束光波对这个现象做出了解释: 一束光波在晶体中各个方向的传播速度相同, 而另一束光波的光速则取决于它相对晶体轴的方向。这种传播速度的差异是如何进而形成两条光线的, 惠更斯对此的解释在图3–18中示意, 当然, 这是基于惠更斯原理给出的想法。当光线垂直入射"冰洲石"晶体表面, 就会形成两组子波面, 一组是球面, 另一组是旋转椭球面。球面波形成的连续波前包络与入射光的方向相同,而椭球子波面形成的波前包络向旁边连续变动,因此形成了"非常光"。当两束光线都从晶体中出射后,又只在空气中形成球面光波,此时两束光又变得平行。虽然惠更斯提出的这个解释是完全正确的,他仍不能解释为什么光线在晶体中会变成两条光波的形式传播。这是因为他相信,光波的振荡就像声波一样,发生在它们的传播方向(纵向振动),所以如果我们将晶体绕着入射光的方向旋转,传播不应该发生任何变化。而另一方面,不相信惠更斯光的波动性和子波理论的牛顿,通过假设组成"寻常光"和"非常光"两种光线的粒子在垂直于光线方向上的不同偏转来试图寻找对这一现象(这种现象被称为"双折射")的解释。在他所著的《光学》一书的第二版中,牛顿把两条光线与两根长直杆进行了类比,从而来说明二者之间的差别,其中一根杆的横截面是圆,另一根杆的横截面是长方形。如果我们将第一根杆绕着它的中心轴进行旋转,那么我们不会观察到静止和转动的差别,但是显然转动第二根杆的情况就会不同了。牛顿写道:"因此每一束光线都具有两面性,它们本身就具有不寻常折射所需的性质,而另外的两个反面却不具备这种性质。"

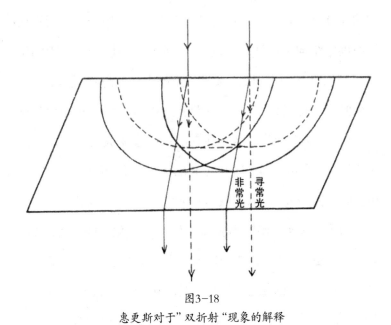

图3-18

惠更斯对于"双折射"现象的解释

很明显, 虽然牛顿意识到光线一定具有某种横向(即传播方向的垂直方向)的性质, 但是他也无法将具有横向性质的光线可能的样子进行视觉化。

又过了一段时间, 通过法国物理学家艾蒂安·马吕斯(1775-1812)以及其他科学家的努力, 惠更斯和牛顿关于光的本质问题的讨论才达成了一致, 并形成了一个统一的观点。毫无疑问, 光不是别的, 就是在空间中传播的波, 但是介质的振动方向并不像惠更斯所认为的会沿着光的传播方向, 而是垂直于光的传播方向。"冰洲石"中"正常光"和"非常光"的区别在于:对于"正常光",振动发生在穿过光线和晶体转轴所在的平面内,而对于"非常光"的情况,振动则与这个平面垂直。

对于光振动横向属性的发现令接下来几代的物理学家们都感觉头痛不已。事实上,横向振动仅存在于剪切和弯曲的各向异性的固体材料中。这意味着,"固体以太",这种假想中光的载体,并不像之前惠更斯所认为的是一种十分稀薄的气体,而是一种固体物质! 如果所有渗透性"以太"是固体,那么行星和其他天体是如何穿梭于其中而几乎不受到任何阻力的呢? 而且,即使我们可以假想"以太"是一种非常轻、可以轻易被碾碎的固体材料,就像今天在许多连接中所使用的聚苯乙烯泡沫一样,那么星体的运动将在"以太"中挖出许多隧道,"以太"很快就会失去它长距离携带光波的属性! 这个头疼的问题一直困扰了好几代物理学家,直到阿尔伯特·爱因斯坦最终解决了这一问题,他把"以太"从物理教室的窗户扔了出去。

牛顿的一生像日蚀一般耀眼

牛顿在50岁的时候决定放弃学术生涯,开始寻找一个能给他带来更高收入的职位。他他收到了来自伦敦卡尔特修道院[1]提供的校长职位的邀请，不过他没太当回事。在他回绝这个职位邀请的信中，他写道：

"感谢卡尔特修道院考虑给我校长这个职位，不过我没看到它值得我大显身手的理由，因此我拒绝这项工作。除去当一位教员我不太愿意以外（很明显邀请中也包括这个工作内容），而且每年只有200法郎的薪水，还要忍受伦敦糟糕的空气，这不是我所向往的生活。我也不认为为此竞争是明智的，为一个更好的位置才值得这样做。"

1696年，54岁的牛顿被任命为伦敦造币厂的监造员，之后又当上了厂长，开始名副其实的"造钱"。1705年，牛顿被封了军衔，成为了艾萨克爵士，又收获了其他许多荣誉。不过，在他一生中的最后25年没有什么重要发现（他于1727年逝世，享年85岁），这时的他并不像不到25岁那样灵感像瀑布一样奔涌倾泻而出。有一些传记中认为这是他年纪大了的缘故，还有些传记中说这是因为他把他所处时代能想到的所有可能想法都已经想尽了。无论如何，他这一生已经做的够多的了！

1.英国贵族的上流学校。——作者注